KB242179

스타 건축가 3인방의

따뜻한 전원주택을 꿈꾸다

일러두기 ——

1. 국립국어연구원 표준국어대사전의 표기를 따르지 않은 경우가 있다. 실제 건축현장 및 전문 업자들 사이에서 사용되는 어휘 그대로를 살리고자 하는 의도가 이에 해당한다.

2. PART 03에 수록된 전원주택별 건축비용의 경우 자재, 노무비 등의 단가나 수급 균형에 의한 시장 시세 등에 따라 차등이 있을 수 있다.

스타 건축가 3인방의

따뜻한 전원주택을 꿈꾸다

이동혁 · 정다운 · 임성재(꿈애디자인랩 연구소장) 지음

비용별 내 집 짓기 1억부터 3억대까지

메
카르북스

COME   TO

MY HOUSE

W H E R E

이 시대의 집이란
단순히 먹고 자기 위한 공간이 아니다

·

·

어떤 장소에서

W H O

어떤 사람과

어떻게 살고 싶은가?

·

·

이 질문에 대한 당신의 답이
바로 우리가 지어야 할 집이 될 것이다

H O W

프롤로그

전셋값으로 내 집 짓기 프로젝트
적어도 이 금액이면 당신도 집 지을 수 있다!

인터넷에 떠도는 '내 집 짓기'와 관련한 수많은 정보들.
무엇이 제대로 된 정보일까? 도무지 판별이 되질 않는다.

각종 매체에서 다루는 화려하고 멋진 집들, 과연 나도 지을 수 있을까?
무엇보다도 내 예산 안에서 전원주택 짓기가 가능한지 물음부터 앞섰다.

그동안 출판되어 온 '집짓기' 관련 서적들을 살펴보면 크게 두 가지로 나뉜다. 첫 번째는 비전문가가 내 집을 지으면서 겪었던 일들을 엮은 책, 두 번째는 전문가 본인이 지었던 건물들을 나열한 포트폴리오 형식의 책일 것이다. 여기서 발견한 한 가지 아쉬운 점은 그 어떠한 책도 건축주가 가장 궁금해하는 부분을 구체적으로 언급하지 않았다는 것이다.

바로,
금액이다.

그래서 《스타 건축가 3인방의 따뜻한 전원주택을 꿈꾸다》에서는 집을 짓기 위해 어느 정도의 예산이 필요한지부터 시작해 단순 시공비뿐만 아니라 부가적으로 들어가는 비용까지 모두 구체적으로 공개해 그간 문제시됐던 건축 예산에 대한 궁금증을 해결하고자 한다.

또한 전원주택을 짓는 데 있어 반드시 알아야 하는 부분만을 다뤄 '적어도 이 정도만 알고 있으면 따뜻하고 안전한 내 집 짓기에 성공할 수 있는 방법'들을 제시하고 있다.

내 집 짓기 바이블인 이 책을 통해 모든 예비 건축주 분들이 원하는 집을 지을 수 있길 기대해본다.

행복을 짓는 시작

행복을 짓습니다
따뜻한 사랑을 그립니다

가족과의 행복한 생활
그리고 생애 처음 짓는 내 집
꿈과 사랑, 행복한 추억만이 가득한 공간
우리 가족을 위해 준비한 편안한 곳
내 마음속에 담겨 있던 집

행복을 짓는 첫걸음
따뜻한 전원주택을 꿈꾸다

집이라는 것

지붕 아래 가족과 행복한 추억을 담아낸다는 것

집이라는 것은 우리에게 어떤 의미일까?
하루의 시작과 하루의 마무리가 담겨 있으며 우리의 일상이 머무르는 공간,
집이라는 것은 희로애락이 혼재돼 있는 복잡한 집합체다.
행복한 추억만을 남겨줄 수도 있고 가슴 아픈 기억만을 남겨줄 수도 있다.
집이라는 것은 우리 가슴 한켠에 지우지 못할 무언가를 항상 남겨 놓는다.
집이란 무엇일까.
지금까지의 집은 인간이 생활하는 데 필요한 주거공간이란 범주를 넘어서지 못했다.
하지만 최근 들어 집에 특별한 의미가 부여되기 시작했다.
가족의 '추억'을 담아내고 '힐링'이라는 의미를 부여하며 '행복'이란 단어와 연결시킨다.
우리는 꿈꾸고 싶다. 담고 싶다. 짓고 싶다.
고로, 지붕 아래 가족과의 행복한 추억을 담아내는 것, 그것이 우리가 추구하는 목표점이 될 것이다.

R E L A X

T A L K

아버지와 어머니가 편하게 쉴 수 있는 공간
남편과 아내가 담소를 나눌 수 있는 공간
우리 아이가 신나게 뛰어놀 수 있는 공간
나 혼자만의 시간을 즐길 수 있는 독립적인 공간

E N J O Y

세월을 뛰어넘어
사랑만 온전히 남길 수 있는 전원주택이 되다

P R I V A T E

"소중한 당신을 위해 따뜻한 진심을 담습니다"

대한민국에서 안 가본 곳이 없을 정도로 바삐 뛰어다닌 나날들. 10년이라는 시간이 어떻게 지나갔는지 모를 만큼 건축주님들을 만나고 다녔던 날들이 주마등처럼 하나씩 스쳐지나갑니다. 획일화된 건물을 짓고 싶지는 않았습니다. 건축과 졸업 후 대부분이 가기 꺼려 하는 전원주택 시장으로 발을 돌리게 된 계기도 '하나를 짓더라도 제대로 된 집을 지어보자'라는 마음에서였습니다.

저희들 발로 전국 방방곡곡을 다니며 지은 주택이 벌써 200여 채가 넘어서고 있습니다. 그동안 수많은 집을 지었지만 늘 첫 집을 지을 때의 마음으로 온 정성을 다합니다.

소중한 당신만을 위해 따뜻한 진심을 담아 집을 짓는다는 것,
젊은 건축가로서 힘들고 험한 길이지만 한 발 한 발 내디뎌 보기로 합니다.
행복과 추억을 담아낼 수 있는 집을 짓도록 하겠습니다.

Contents

PART 01
나만의 집짓기
이것만 알아도 대성공

PART 02
집짓기 탐구생활
이론을 알아야 좋은 집을 짓는다

따뜻한 전원주택을 그려내다

스타 건축가 3인방의 기획 설계 제안

20·30평형대

40·50·60평형대

PART 04

부록
어떤 집 짓고 싶으세요?

◇◇◇◇◇◇◇◇◇◇◇◇◇◇◇◇◇◇◇◇◇◇◇◇◇◇◇◇◇

객관적인 정보로

정확한 사실을 말하다

**진심을
담은
진실된 이야기**

정보의 바다
도대체 어떤 것이 옳은 정보인지 구분하기가 어려워졌다
이번 편에서는 집짓기에 대한 궁금증을 풀어보려고 한다
진심을 담은 진실된 이야기가
지금부터 시작된다

나만의 집짓기 이것만 알아도 대성공

7인의 주택 원정대

우리 집 지어주는 당신은 누구인가.

영화 〈반지의 제왕〉에서 세상을 구하기 위해 모험을 떠났던 반지 원정대처럼 우리도 집을 짓기 위해 주택 원정대를 꾸려야 한다. 집을 짓는 과정에서의 복잡한 고민들을 해결하기 위해 최적의 조합으로 구성된 7인의 주택 원정대. 우리 집을 튼튼하고 따뜻하게 지어줄 7인의 주택 원정대를 소개하겠다.

01. 건축주(주인공)

'7인의 주택 원정대'의 중심을 잡아주는 주인공은 바로 건축주다. '어떤 집을 짓고 싶은지', '왜 집을 지으려고 하는지', '공간은 어떻게 구성할지', '몇 평으로 지을지' 등 계획을 세우고 원정대의 출정을 알리는 시작점을 담당한다. 집이란 단순히 1-2만 원짜리가 아니라 내가 평생 모은 돈을 투자해 지어야 하는 억 단위의 대상이다. 아무 생각 없이, 심심해서, 집을 짓는 게 아니라 고민하고 또 고민하여 결정한 후 지어야 하는 대상이라는 것이다.

＊

내 집을 짓겠다고 결정하는 단계에 이르기까지도 결코 쉬운 과정이 아니다. 짧게는 세 달, 길게는 수년간 고민하는 분들도 있다. 이렇게 고민을 끝낸 다음 내 집 짓기라는 긴 여정의 출발점 앞에 서게 되면 건축주를 기준으로 7인의 주택 원정대가 본격적으로 결성되며 반년이라는 긴 시간 동안 함께 어려움을 헤쳐 나가게 될 것이다.

02. 건축 매니저(원정대의 대장)

많은 건축주가 집을 지을 때 가장 힘들어하는 부분 중 하나가 바로 '대장' 없이 모든 것을 책임지고 끌고 가야 한다는 점이다. 한두 가지 공정이 아닌 수백 개의 공정을 일일이 챙긴다는 것은 불가능에 가깝다. 그렇기 때문에 내 집처럼 집을 지어줄 수 있는 '대장'이 필요하다.

＊

아직도 전원주택 시장에는 주먹구구식으로 집을 짓는 곳들이 많다. 대기업이 아닌 영세 업체들의 주 무대이다 보니 현재까지도 많은 사기와 하자 발생 등 논란이 끊이지 않는다.

＊

약 5년 전부터 전원주택 시장에 건축 매니저가 도입되었다. 건축 매니저는 단순히 집을 짓는 목수나 책임자가 아니며 더군다나 새로운 직업군에 속하는 것도 아니다. 미국, 유럽 등지에서는 건설 관리자를 별도로 두게 돼 있으며 대중화되어 있는 직업이라 할 수 있다. 하지만 우리나라에는 아직 도입 의무화가 돼 있지 않기 때문에 대부분의 건축주들이 '건축 매니저는 무슨 일을 하는가'라며 자주 질문한다.

*

건축 매니저는 계약부터 설계, 시공, 준공, 입주에 이르기까지 모든 과정을 컨트롤하며 마지막까지 건축주와 동행한다. 건축 매니저를 중심으로 공사 플랜이 세워지며 중간에 발생할 수 있는 문제와 어려움으로부터 건축주를 보호한다. 얼마나 역량 있는 건축 매니저를 만나느냐가 집의 품질을 결정하는 중요한 요소가 되지 않을까 조심스레 예상해본다.

03. 건축가(원정대의 길잡이)

건축가는 집을 지을 때 길잡이 역할을 한다. 건축주 마음속에 있던 공간을 구체적으로 도면화시키고 그려내는 작업을 진행하며, 공간상의 문제들을 가시적으로 풀어내고 구현해낸다. 즉, 건축주에게 효과적이고 효율적인 스타일, 공법 등을 조언해주는 길잡이인 것이다. 설계 협의 기간은 최소 3개월 정도며 도면 및 3D 등의 협의가 중점적으로 이루어진다.

04. 건축 시공자(원정대의 행동대장)

도면이 완성되었는가? 그렇다면 이제 행동대장이 나설 차례다. 설계 도면 완성 후 인허가까지 진행됐다면 다음 바통은 건축 시공자에게 넘어간다. 설계 도면대로 본격적인 시공을 진행하며 목조는 3.5개월, 철근콘크리트(RC)는 5개월 정도의 기간에 걸쳐 집이 완성된다.

나와 말이 잘 통하는 건축 시공자를 선정하는 것이 좋다. 또한 단순 최저가가 아닌, 품질과 마감에 대한 여러 가지를 고려한 후 건축 시공자를 결정하길 바란다.

05. 인테리어 디자이너(원정대의 살림꾼)

설계와 골조가 다 올라갔다고 집은 아니다. 원정대의 살림꾼이 본격적으로 나설 때가 됐다. 집 내부의 꽃은 바로 인테리어다. 건축주와 인테리어 디자이너의 협의 끝에 상상 속 꿈의 공간이 만들어질 것이다. 여성분들에게 가장 행복한 시간이 아닐까 감히 추측해본다.

06. 가구 디자이너(원정대의 드워프)

이제 원정대의 드워프, 가구 디자이너가 등장할 차례다. 방 한 쪽에 붙박이장을 설치하고, 드레스룸에 가구를 넣으며, 싱크대와 신발장 등을 내 집의 공간에 딱 맞게 시공하게 된다.

07. 조경 설계자(원정대의 마법사)

"집을 다 지었는데 이 허전한 느낌은 뭘까?"

전원주택의 꽃이라 불리는 조경이 빠졌기 때문이다. 원정대의 마법사라고 불리는 조경 설계자를 통해 잔디나 담장, 대문 등을 설계하게 되며 이 과정이 전부 끝나면 비로소 집 짓는 모든 과정이 마무리된다.

나만의 집짓기 이것만 알아도 대성공

스타 건축가 3인방이 전하는 집 잘 짓는 5대 조건

'내 집을 짓는다' 하면 덜컥 겁을 먹기 마련이다.

'전원주택=사기꾼'이라는 말이 일반화돼 있으니 걱정 없이 집 지으라는 말은 속 편한 소리일 수 있다. 하지만 지금부터 소개하는 5대 조건를 알고 간다면 최소한 눈 뜨고 코 베이는 일은 면할 수 있다. 다 같이 살펴보도록 하자.

WHO? 스타 건축가 3인방	이동혁 건축가, 정다운 건축가, 임성재 건축가를 지칭한다. 전원주택 전문 건축가로서 10년째 활동해오며 꿈애디자인랩 연구소장 및 꿈애하우징 대표 건축가를 맡고 있다. 현재 카카오 브런치(https://brunch.co.kr/@sunsutu)에서 전원주택 관련 글을 연재 중이다.

01. 땅을 선정하라

건축가로서 가장 당황스러울 때가 땅도 없이 설계를 해 달라고 할 때다. 각 땅마다 걸려 있는 건축법규가 다르고 주변 현황이 다르기 때문에 땅 없이는 설계가 불가능하다.

땅을 선정할 때 중요한 점은 '기반시설의 유무'이다. 집이 지어졌다고 해서 무조건 사람이 살 수 있는 것은 아니다. 사람의 생활을 가능케 하는 전기, 가스, 수도, 정화조 등의 기반시설이 집에 연결돼 있어야 한다. 기반시설의 유무에 따라 건축 예산의 차이가 많이 발생하므로 최소한 전기, 수도 정도는 들어와 있는 대지를 선정하는 것이 좋다.

02. 원칙대로 가라

주변을 돌아보라. 사람들이 보편적으로 많이 짓는 집들이 있을 것이다. 이는 어느 정도 검증된 것으로서 가장 안전하면서도 타당한 방법이기 때문이다.

새로운 공법이 나왔다고 바로 적용하면 안 된다. 만약 적용하게 된다면 그 공법의 테스터가 될 가능성이 크다. 교과서대로 집을 짓는 것이 좋다. 비용이 들더라도 편법이 아닌 원칙대로 움직이는 것이 추후 하자비용을 줄이는 가장 좋은 방법이다.

03. 공짜로 집 지어주는 사람 없다

세상에 공짜는 없다. 시장 형성가라는 것이 있다. 전원주택을 시공할 때 원칙대로 자재를 사용한다면 절대 벗어날 수 없는 시장 건축비라는 것도 있다. 건설회사의 마진은 평균적으로 15-20% 사이에 속하는데 만약 시장가격보다 현저히 낮은 금액을 제시한다면 덜컥 계약하기보다 한 번쯤 의심해보는 것이 좋다.

04. 예산 안에서 움직여라

전원주택의 집값은 잘 오르지 않는다. 즉, 대출을 많이 받아 짓게 되면 전부 본인 부담이 된다는 의미이다. 현재 가진 예산 안에서 움직이되 욕심을 버리고 실속 있는 집을 지어야 한다.

05. 세상엔 믿을 놈 하나 없다
꼼꼼히 따져라

세상에 마진 없이 집 지어주는 사람 없다.

만약 수중에 100만 원이 있다고 치자. 첫 번째 건축가는 120만 원어치 집을, 두 번째 건축가는 100만 원어치 집을, 세 번째 건축가는 80만 원어치 집을 지어주겠다고 한다. 당신은 누구와 계약을 하겠는가? 대부분 100만 원을 주고 120만 원어치 집을 지어준다는 건축가와 계약할 것이다. 하지만 이는 잘못된 생각이다. 어떻게 100만 원 주고 20만 원을 더 부담해 집을 지어주라는 것인가.

기본적으로 건설업체도 마진을 가지고 가야 한다. 세 사람 중에 가장 양심적으로 집을 짓는 건축가는 세 번째 사람이라 할 수 있다. 정확한 마진을 제외한 나머지를 모두 사용해 집을 지어주는 사람이 가장 양심적이고 솔직한 건축가다.

나만의 집짓기 이것만 알아도 대성공

집 지으려면 무엇부터 알아야 할까?

행복한 전원주택을 짓기 위한 4가지 키워드

집을 짓기로 결심했다.

그런데 무엇부터 손을 대야 할지 막막하다. 막막한 것이 당연하다. 10년째 집 짓는 일을 하는 건축가들도 막막할 때가 많은데 비전문가적인 입장에선 오죽할까. 하지만 천릿길도 한 걸음부터라는 말이 있다. 다음 4단계를 꼭 기억해두자.

01. 예산을 잡자

예산을 잡는 일이 가장 중요하다.

무리한 투자가 아닌, 내가 가진 예산 안에서 원하는 요소가 들어간 집을 짓는 것!

아마 이것이 최고의 집을 완성시키는 비결일 것이다. 돈이 나가는 시기는 정해져 있다. 그렇기 때문에 돈이 나가는 시기에 따라 역산해보면 구체적인 예산 측정이 가능하다. 예산은 크게 4가지로 구분할 수 있는데 그 내용은 아래와 같다.

① 설계비 및 인허가비
② 건축 시공비
③ 토목공사비
④ 건축 외 부대비용

일반적으로 일컫는 건축비(일명 3.3m^2 건축비)는 ②에 해당하는 금액이다. 인터넷을 검색하다 보면 '건설회사가 처음에 3.3m^2당 얼마에 집을 지어주겠다 해놓고 나중에 자꾸 추가비를 달라고 하더라'는 내용의 글을 본 적이 있을 것이다.

건설회사는 실질적으로 ②의 금액만을 청구하며, 나머지 ①, ③, ④의 금액은 직접 받는 돈이 아니기 때문에 대체로 언급하지 않는다. 이런 부분 때문에 추후 문제가 발생하는데 세상에 공짜로 집을 지어주는 사람은 없다. 위에서 이야기한 4가지 항목의 예산을 꼼꼼히 따진 뒤에 움직여야 내 예산 범위 안에서 안전하게 집을 지을 수 있을 것이다.

02. 땅을 구매하자

내 마음에 드는 땅을 찾는다는 것은 생각보다 쉬운 일이 아니다. 대부분의 건축주들은 짧으면 3개월, 길면 1년 이상 땅을 찾아 돌아다닌다. 땅을 매입할 때 기본적으로 살펴보아야 할 서류는 4가지다.

① 지적도, 임야도
② 토지대장, 임야대장
③ 토지, 건축물, 등기부등본
④ 토지이용계획 확인서

이 4가지는 반드시 확인해야 하는 서류이며 개인 간의 거래 말고 공인중개사를 통해 정확히 거래해야 한다.

*

땅이 넓다고 해서 해당하는 땅 전체에 집을 지을 수 있는 것은 아니다. 각 대지별로 건폐율과 용적률이 정해져 있으며 1층에 최대로 지을 수 있는 면적이 건축법으로 정해져 있으므로 이 점을 고려해 땅을 구매해야 한다.

*

마지막으로, 땅이 마음에 들어 최종 계약을 하고자 하는데 애매한 문제들이 있는 경우다. 길이 있긴 한데 4m가 안 된 경우, 길이 포장되어 있지 않은 경우, 남의 땅을 지나서 들어와야 하는 경우들이 이에 속한다. 이럴 땐 부동산 계약서에 다음과 같은 단서조항을 적어둘 것을 추천한다.

이 땅은 단독주택을 짓기 위해 구입하는 대지이므로 단독주택 인허가가 나지 않는 어떠한 조건이라도 발생되면 모든 계약을 무효로 한다.

공인중개사 측에서는 이러한 단서조항을 가급적이면 추가하지 않으려 할 것이다. 하지만 위의 문장 하나만 있어도 사기를 미연에 방지할 수 있기 때문에 꼭 기억하고 적어두길 바란다.

03. 땅에 맞는 설계를 하자

◇◇◇◇◇◇◇◇◇◇◇◇◇◇◇◇◇◇◇◇◇◇◇◇◇◇

설계 단계는 가장 즐거운 순간이자 가장 머리 아픈 과정이다. 피할 수 없으면 즐기라고 했다. 얼마간 힘들기도 하겠지만 이 과정을 부디 즐길 수 있길 바란다.

설계에서는 시공 단계에서 발생할 수 있는 대부분의 문제를 사전에 점검하고 비용은 얼

마나 들며 공간은 어떻게 배치해야 할지에 대한 논의가 이루어지는 단계이다. 내 땅 위에 배치를 어떻게 하고, 몇 층으로 매스를 잡으며, 가족의 라이프스타일에 따라 방 사이즈와 구성을 어떻게 할지 정해야 한다. 설계 기간은 평균약 2개월 정도며 인허가 기간은 약 0.5-1개월정도니 총 3개월의 여유를 갖고 움직이는 것이좋다. 제주도 인허가 기간의 경우 비교적 긴 편이므로 최소 2개월 정도 여유를 잡고 진행할것을 추천한다.

04. 설계 도면대로 시공을 하자

◇◇◇◇◇◇◇◇◇◇◇◇◇◇◇◇◇◇◇◇◇◇◇◇◇◇

마지막 단계다. 설계 단계에서 많은 고민을 거친 후 도면을 그렸다면 이제부터는 조금 편해질 것이다.

왜? 도면 그대로 지을 거니까!

규모에 따라 조금씩 차이가 있지만 평균적으로는 목조의 경우 3.5개월, 철근콘크리트의경우 5개월의 시공 기간이 소요된다. 이때 건축주가 주의해야 할 사항은 '민원'이다. 최근에는 민원이 많이 줄어들었지만 소음과 먼지에 대한 민원은 계속해서 들어오고 있는 실정이다. 민원이 발생되면 공사는 지연되거나 중지된다. 다시 말해 공기(工期)가 길어진다는 뜻이다. 그러므로 공사 전에 현장소장과 함께 주변주택들을 돌며 양해를 구한 다음 최대한 민원이 발생하지 않게 공사를 진행해야 한다.

공사가 완료되면 건축주 명의로 등기를 내야한다. 건축물 대장이 최종 발급되면 1개월 이내에 등기를 마쳐야 하고 취·등록세 등도 가까운 법무사 등을 통해 준공 후 1개월 내로 정리하면 된다.

나만의 집짓기 이것만 알아도 대성공

건축신고와 건축허가 및 사용승인

기본적으로 집을 짓기 위해서는 건축신고 또는 건축허가를 진행해야 하며, 신고 및 허가를 득한 후에는 착공신고를 한 뒤 정식으로 공사에 들어가야 한다.

2006년도에 법이 개정되면서 모든 건축물은 건축신고나 허가를 득하여야 한다는 기준으로 법이 바뀌었다. 예전처럼 집을 마음대로 지은 뒤 담당공무원한테 신고해 준공을 받는 것은 이제 불가능하다. 다시 말해, 억지를 부려 목적한 바를 이루는 시대는 끝이 났다고 보아도 무방하다.

	신고	허가
기준면적	도시지역: 100㎡ 이하(30평 이하) 비도시지역: 200㎡ 이하(60평 이하)	도시지역: 100㎡ 초과(31평 이상) 비도시지역: 200㎡ 초과(61평 이상)
인허가 필요서류	① 건축계획서 및 개요 ② 신고기준 기본도면(평면도, 입면도, 단면도) ③ 배치도	① 건축계획서 및 개요 ② 신고기준 기본도면(평면도, 입면도, 단면도) ③ 배치도 ④ 기계도면 ⑤ 전기도면 ⑥ 통신도면
구분	해당 지자체 담당공무원 신고서류 검토	① 해당 지자체 담당공무원 허가서류 검토 ② 제3의 건축사 도면 확인 ③ 제3의 건축사 감리 진행
신고서류	① 면허세 ② 국민주택채권영수증 ③ 설계 계약서 사본 ④ 착공신고서	① 면허세 ② 국민주택채권영수증 ③ 설계 계약서 사본 ④ 착공신고서 ⑤ 감리 계약서
제출서류	① 최종 건축도면 ② 신고필증(가스, 정화조, 상수도, 지하수, 배수설비 등의 신고필증 첨부)	① 최종 건축도면 ② 허가필증(가스, 정화조, 상수도, 지하수, 배수설비 등의 신고필증 첨부)

01. 건축신고

건축법 제11조에 해당하는 허가 대상 건축물이라 하더라도 다음에 해당하면 건축허가를 받은 것으로 보며, 건축신고로 가능하다.

① 바닥면적의 합계가 85㎡ 이내의 증축
② 국토의 계획 및 이용에 관한 법률(관리지역, 농림지역 또는 자연보전 지역)에 따른 연면적이 200㎡ 미만이고, 3층 미만의 건축물의 신축
③ 연면적의 합계가 100㎡ 이하인 건축물
④ 건축법 제23조 제4항에 따른 표준설계도서에 따라 건축하는 건축물로 그 용도 및 규모가 주위환경이나 미관에 지장이 없다고 인정하여 건축조례로 정하는 건축물

02. 건축허가

건축물을 신축, 증축 또는 용도변경 시 지역의 시, 군청의 심의를 거쳐 허가를 받아야 한다. 다시 말해, 건축법에 의해 전반적인 업무절차와 허가 행위를 건축허가라 지칭할 수 있다.

또한 법이 정한 규모 이상으로 건축물을 개보수하거나 부대 시설물을 설치할 경우에도 건축허가를 필히 득해야 한다. 예전에는 완공 후 몰래 샌드위치 판넬 같은 자재로 불법 증축하는 집들이 많았는데 최근에는 위성으로 불법 건축물들이 적발되어 원상복구 명령과 벌금이 부과되므로 필히 신고 및 허가 후 시설물을 건축해야 한다.

건축허가 유효기간은 허가서를 발부 받은 날부터 1년 이내에 착공하여야 하며, 그렇지 못한 경우는 소정의 세금을 지불 후 1년 범위 안에서 착공기간을 연장할 수 있다.

03. 사용승인(준공)

건축신고나 허가를 받아 공사가 완료된 후 사용하기 위해 허가권자로부터 사용에 대한 승인을 받는 절차를 뜻하며, 사용승인이 나와야 등기절차를 밟을 수 있다.

① 사용승인 시 서류 및 처리사항
 - 정화조 사용승인 필증, 가스안전 필증, 정보통신 준공공사 필증
 - 주차장 사진, 하수관로 연결사진
② 사용승인 후 처리사항
 - 취득세 납부
 - 소유권 보존 등기
 - 농지, 산지의 경우 지목 변경

건축비, 도대체 얼마나 들어갈까?

기준	100평 대지, 30평 주택

01　대지 비용

집 지을 땅을 구입하는 데 필요한 비용을 뜻한다.

대지 비용을 3.3㎡당 70만 원으로 잡고 진행하도록 한다.*

   · *700,000원 × 100평 = 70,000,000원*

02　토지 취득세 + 등록세

대지를 구입하였으니 취·등록세를 내야 한다. 농지 토지 비용의 3.4% 정도 비용이 발생된다.

   · · · · · · · · · · · · · · · · · · *70,000,000원 × 3.4% = 2,380,000원*

03　토목 설계 및 인허가비

대지를 구입했으면 땅에 대한 설계를 받아야 한다. 그래야 내 땅이 어떻게 생겼는지, 레벨(땅의 높낮이)이 어떠한지 알 수 있다.

100평 기준으로 평균 300~400만 원 사이로 금액이 책정돼 있다. 일단 300만 원으로 잡고 진행하도록 한다.

   · *3,000,000원*

04　건축 설계비

땅에 대한 도면을 그렸다면 그 위에 내가 살 집을 그려야 한다. 이 작업이 바로 '건축 설계'다. 간혹 가설계를 원하는 분들이 있는데 요즘 가설계는 없다. 있다 하더라도 남의 도면을 그대로 가져오는 경우가 흔하니 절대로 공짜를 원하거나 좋아해서는 안 된다. 어차피 들어가야 할 돈은 들어간다.

설계비의 경우 건축사사무소마다 다르다. 건축가의 명성과 역량에 따라 금액이 달라지기 때문. 평균적으로 3.3㎡당 15만 원 정도 하므로 이에 준거하여 진행하도록 한다.

   · *150,000원 × 30평 = 4,500,000원*

05　건축 인허가비

도면 완성 후, 집을 지어도 된다는 지자체의 승인을 받아야 한다. 이때 발생하는 비용이 인허가비다.

인허가비의 경우도 지역마다 다르게 적용되기 때문에 평균 기준인 3.3㎡당 10만 원으로 진행하도록 한다.

   · *100,000원 × 30평 = 3,000,000원*

———

* 건축법상 3.3㎡이 아닌 ㎡를 사용해야 하지만 이해를 돕기 위해 3.3㎡ 개념을 사용하도록 한다.

06   농지 전용 부담금

논이나 밭을 대지로 전용했을 경우 농지 전용 부담금이 발생된다. 이때 공시지가의 30% 비용이 농지 전용 부담금으로 발생된다.

· · · · · · · *공시지가 3.3㎡ 99,000원 × 30평 × 30% = 2,970,000원*

07   건축공사비

집을 짓는 데 필요한 순수한 건축비를 의미한다.

현재 건축공사비의 시장 형성 비용은 목조주택 기준 3.3㎡당 440-500만 원 정도다. 업체별로 옵션에 따라 달라질 수 있지만 건축법 기준에 맞춰 자재를 사용해 집을 짓는다고 했을 때 대부분 이 금액 사이에서 건축비가 책정된다. 이번에는 3.3㎡당 440만 원으로 잡고 진행하도록 한다.

· · · · · · · *4,400,000원 × 30평 = 132,000,000원(부가세 포함)*

08   기반시설 인입비

집만 덩그러니 지어 놓는다고 생활할 수 있는 것은 아니다. 전기나 수도, 가스 등을 인입하는 비용이 별도로 들어간다. 도심지의 경우 기반시설 대부분이 집 앞 도로 아래에 설치되어 있어 큰 추가 비용 없이 인입이 가능하지만 그렇지 않은 곳의 경우 내 집만을 위해 모든 기반시설을 인입해야 하므로 생각보다 큰 비용이 들어갈 수 있다. 평균적으로 600-1,000만 원 정도가 소요된다고 볼 수 있다.

이번 글에서는 600만 원 정도를 기준으로 하여 작성토록 한다.

· *6,000,000원*

09   정화조 설치비

정화시설이 대지에 들어와 있는 경우 바로 연결하면 되지만 없을 경우 정화조를 설치해야 한다. 대부분 도심지에서는 오·폐수 시설이 도로에 매설되어 있기 때문에 정화조 설치는 필요 없다.

일반 정화조는 250만 원 정도이며 오수합병 정화조의 경우 500만 원 정도의 비용이 발생한다. 양평과 같이 수질보호구역인 경우 대부분 오수합병 정화조를 설치하게 되어 있다. 일단 500만 원 기준으로 진행하도록 한다.

· *5,000,000원*

10   **경계 측량, 지적현황 측량**

지적공사에서 진행하는 것으로서 지적공사 홈페이지에서 신청이 가능하다. 신청 방법은 매우 쉬우므로 걱정하지 않아도 된다.

100평 정도 경계 측량을 하면 80-100만 원 사이의 비용이 발생한다. 이번 글에서는 100만 원 기준으로 진행하도록 한다.

· ***1,000,000원***

11   **가구비**

싱크대, 붙박이장, 신발장 같은 가구비를 별도로 잡아두어야 한다.

저렴하게 한다면 100만 원짜리도 있지만 균일한 금액 산정을 위해 정가제를 운영하고 있는 브랜드 가구업체 기준으로 진행하도록 한다. 가구비는 평균적으로 건축비의 10-15% 정도 들어가는데 싱크대, 붙박이장, 신발장, 수전, 냉장고장, 아일랜드 식탁, 레인지 등이 포함된다. 이번 글에서는 1,230만 원을 기준으로 삼겠다.

· ***12,300,000원***

12   **조경 공사비**

전원주택의 꽃은 조경이다. 비용이 꽤 많이 발생하므로 미리 예산을 잡아 놓아야 한다.

잔디 시공비의 경우 3.3㎡당 평균 5만 원 정도며, 디딤석 및 석재 등과 같이 혼합하게 되면 3.3㎡당 평균 10만 원 정도 잡는 것이 좋다. 담장의 경우 단조난간은 m당 10-15만 원 정도 하니 참고하길 바란다. 800만 원을 기준으로 진행하도록 한다.

· ***8,000,000원***

13   **우수관로 공사비**

마당에 잔디만 깔아 놓는다고 배수가 되는 것은 아니다. 비가 왔을 때 물이 잘 빠질 수 있도록 집 주변과 마당에 우수관로 공사를 해주어야 한다.

100평 정도의 우수관로를 집 주변과 마당에 설치하면 약 300만 원 정도 비용이 발생한다.

· ***3,000,000원***

14 건축물 취득세

건물을 취득했으니 세금을 내야 한다. 비용은 공사비의 2% 정도가 발생한다.

· · · · · · · · · · · · · · · *132,000,000원 × 2% = 2,640,000원*

15 건축물 등록세

세금 관련 부분이다. 비용은 공사비의 0.8% 정도다.

· · · · · · · · · · · · · *132,000,000원 × 0.8% = 1,056,000원*

16 교육세

세금 관련 부분이다. 비용은 건축물 등록세의 20% 정도가 발생한다.

· · · · · · · · · · · · · · · *1,056,000원 × 20% = 211,200원*

17 농어촌특별세

또 세금 관련이다. 이제 마지막이다. 비용은 취득세의 10% 정도가 발생한다.

· · · · · · · · · · · · · · · *2,640,000 × 10% = 264,000원*

위 17가지의 모든 항목을 포함해 집을 짓는 데 드는 비용은

총 257,321,200원(부가세 포함)이다.

예상보다 많이 든다. 하지만 이러한 현실을 받아들이고 진행해야 추후 문제없이 안전하고 따뜻한 내 집을 완공할 수 있을 것이다.

싸고
좋은 집에
혹하지
말 것

고작 30평 규모의 집을 짓는데 왜 이리 많은 비용이 들어가는지 놀라는 분들도 있을 것이다. 물론 서울 아파트 값과 비교하면 절반에 불과하지만 적은 비용이라고 하긴 힘들다. 흔히 건설업체에서 말하는 1억 주택 모델들은 방금 전에 설명한 모든 항목들을 포함하면 절대 1억이 될 수 없다. 1억은 순수한 건축비이고 나머지 부대비용은 별도다. 이 부분을 꼭 인지하고 예산에 반영해 놓아야 나중에 당황하지 않는다.

"3.3㎡당 300에 지어줄게요. 1억이면 엄청 좋은 집을 지을 수 있습니다. 저에게 맡기십시오."

과연 위와 같은 말이 진실일까? 여러분들의 판단에 맡기겠다.
집이라는 것은 어느 정도 기성화되어 있다고 볼 수 있다. 자재와 인력을 정확히 사용한다면 기본적으로 앞서 제시한 금액이 들어간다. 물론 전원주택 단지같이 모든 것이 다 정비되어 있는 곳에 들어간다면 기반시설 인입비가 절약되기 때문에 비용이 감소할 수는 있다. 하지만 모든 사람들이 기반시설이 완벽히 갖춰진 좋은 땅을 소유할 수는 없다.
무조건 싸게 지어준다고 덥석 물지 말고 앞서 정리한 비용 내에서 내 예산이 부족하진 않은지 꼼꼼히 살펴본 후 집을 짓길 바란다.

나만의 집짓기 이것만 알아도 대성공

집짓기의 기술,
이 순서만 알아도 절반은 성공

집 짓는 공정은 총 몇 가지나 될까? 정리하면 40가지 정도라고 볼 수 있다(만약 세세히 나눈다면 100 가지 공정도 넘을 수 있다는 점!). 직접 40가지 공정을 하나하나 챙기다 보면 전문가조차도 늙는다는 게 뭔지 느껴질 정도다.

그래서 준비했다. 집 짓는 순서, 이 순서만 알아도 절반은 성공이다.

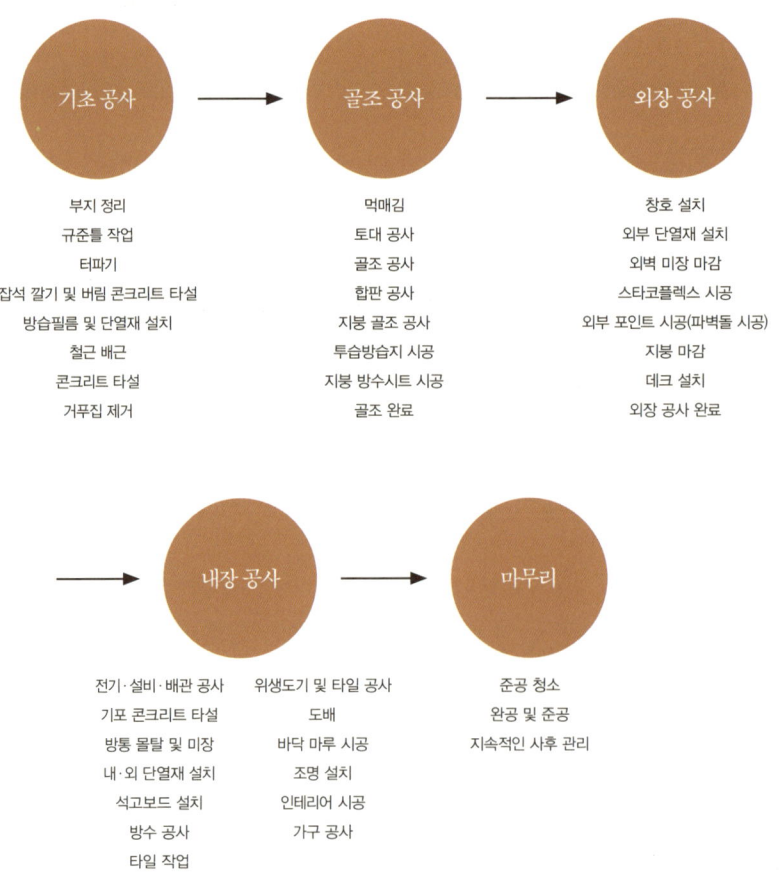

기초 공사

부지 정리
규준틀 작업
터파기
잡석 깔기 및 버림 콘크리트 타설
방습필름 및 단열재 설치
철근 배근
콘크리트 타설
거푸집 제거

골조 공사

먹매김
토대 공사
골조 공사
합판 공사
지붕 골조 공사
투습방습지 시공
지붕 방수시트 시공
골조 완료

외장 공사

창호 설치
외부 단열재 설치
외벽 미장 마감
스타코플렉스 시공
외부 포인트 시공(파벽돌 시공)
지붕 마감
데크 설치
외장 공사 완료

내장 공사

전기·설비·배관 공사
기포 콘크리트 타설
방통 몰탈 및 미장
내·외 단열재 설치
석고보드 설치
방수 공사
타일 작업

위생도기 및 타일 공사
도배
바닥 마루 시공
조명 설치
인테리어 시공
가구 공사

마무리

준공 청소
완공 및 준공
지속적인 사후 관리

01

기초 공사　　　: 부지 정리 → 규준틀 작업 → 터파기 → 잡석 깔기 및 버림
콘크리트 타설 → 방습필름 및 단열재 설치 → 철근 배근
→ 콘크리트 타설 → 거푸집 제거

1	**1 부지 정리**
	땅만 있다고 바로 집을 지을 수 있는 것은 아니다. 집을 지을 수 있
	도록 땅을 평평하게 다듬어주고 주변 정리도 해야 한다
2	**2 규준틀 작업**
	집 지을 땅에 선을 표시해 자리를 잡는 과정이다

3	**3 터파기** 　규준틀을 작업한 뒤 그 라인에 맞춰 기초를 놓을 터파기를 진행한다
4	**4 잡석 깔기 및 버림 콘크리트 타설** 　터파기 한 곳에 잡석을 깔고 버림 콘크리트를 타설한다

5	**5 방습필름 및 단열재 설치** 잡석 깔기와 버림 콘크리트를 타설한 다음 방습필름을 깔고 바닥 단열재를 설치한다
6	**6 철근 배근** 촘촘하게 철근 배근을 하고 각 부위별로 철근을 감아준다

7	**7 콘크리트 타설**
	철근 배근한 위로 콘크리트 타설을 진행한다. 잘 비비면서 기포층 이 생기지 않도록 해준다
8	**8 거푸집 제거**
	기초 면에 붙어 있던 거푸집을 제거한다. 기초가 상하지 않도록 조 심스럽게 제거해야 하며, 다음 공정을 위해 주변에서 제거해준다

02

골조 공사 : 먹매김 → 토대 공사 → 골조 공사 → 합판 공사 → 지붕
골조 공사 → 투습방습지 시공 → 지붕 방수시트 시공 →
골조 완료

1	**1 먹매김** 콘크리트 위 토대 공사를 위해 먹매김을 진행한다
2	**2 토대 공사** 평평하게 수평을 잡기 위해 토대 공사를 먼저 시공한다

	3 골조 공사
3	토대 공사 위에 골조 공사를 진행한다
	4 합판 공사
4	완성된 1층부터 합판 공사를 시작하며, 바로 2층 공사를 시작한다

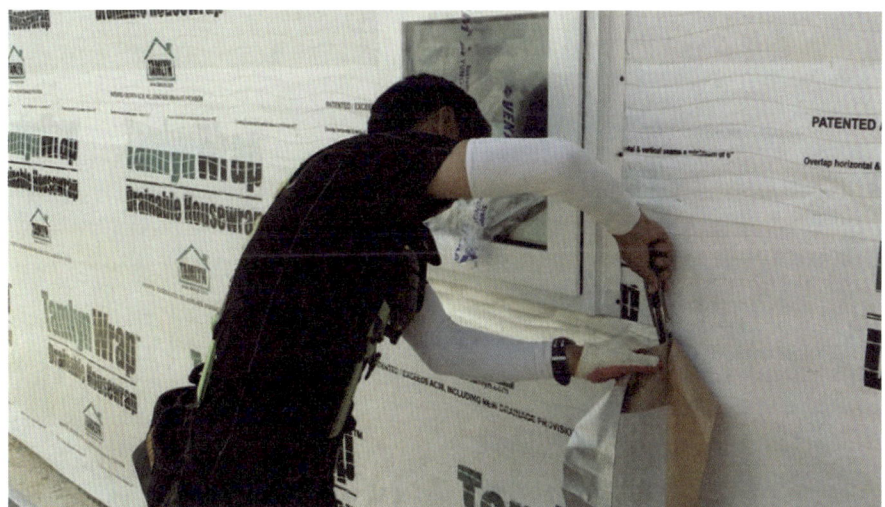

5 지붕 골조 공사

날씨를 고려해 비가 내리기 전 지붕 골조 공사를 마무리 짓는다

6 투습방습지 시공

벽이 세워졌다면 외부에 투습방습지를 시공하여 누수에 대한 위

험을 막는다

7 지붕 방수시트 시공

지붕도 마찬가지로 방수시트를 꼼꼼히 시공하여 누수에 대한 위험
성을 제거한다

8 골조 완료

골조가 완료되었다. 이제는 외장 공사로 넘어갈 차례다

03

외장 공사 : 창호 설치 → 외부 단열재 설치 → 외벽 미장 마감 → 스타

코플렉스 시공 → 외부 포인트 시공(파벽돌 시공) → 지붕

마감 → 데크 설치 → 외장 공사 완료

1	**1 창호 설치** 골조 공사가 완료되면 창호를 설치한다
2	**2 외부 단열재 설치** 외부 단열재를 퍼스너로 촘촘히 압축하여 시공한다

3	**3 외벽 미장 마감** 마감재를 시공하기 전 매쉬철망을 설치한 후 미장을 진행하여 매끈한 면을 만들어 준다
4	**4 스타코플렉스 시공** 최종 마감재인 스타코플렉스를 전체적으로 두세 번에 걸쳐 시공한다. 우는 면이 없고 얼룩이 생기지 않도록 시공해야 한다

5 외부 포인트 시공(파벽돌 시공)

　집을 예쁘게 해줄 외부 포인트 파벽돌을 시공한다. 매지가 있는 것
과 없는 것이 있으므로 잘 구분하여 시공을 진행해야 한다

6 지붕 마감

　아스팔트 슁글의 경우 방수시트 마감 후 바로 진행해도 되지만 무
거운 자재가 올라갈 경우 구조 보강과 하지 작업을 선진행한 후 시
공해야 한다

7 데크 설치

집 앞에 데크를 시공하면 외부 공사는 거의 마무리된다

8 외장 공사 완료

외부 조명 설치를 끝으로 외장 공사도 마무리된다

04

내장 공사　　: 전기·설비·배관 공사 → 기포 콘크리트 타설 → 방통 몰탈
　　　　　　　　 및 미장 → 내·외 단열재 설치 → 석고보드 설치 → 방수
　　　　　　　　 공사 → 타일 작업 → 위생도기 및 타일 공사 → 도배 →
　　　　　　　　 바닥 마루 시공 → 조명 설치 → 인테리어 시공 → 가구 공사

1 전기·설비·배관 공사

　전기·설비·배관 공사를 시작한다

2 기포 콘크리트 타설

　전기·설비·배관 공사가 완료되면 기포 콘크리트 타설을 진행한다

3 방통 몰탈 및 미장

　방통 몰탈 및 미장을 하여 바닥면을 고르게 잡아준다

4 내·외 단열재 설치

　집이 춥지 않게 골조 사이로 내·외 단열재를 꼼꼼하게 채워 넣는다

	5 석고보드 설치
5	이제 내부도 마감해야 한다. 석고보드를 2장 겹쳐 시공한다
	6 방수 공사
6	화장실 등 물이 닿는 부분은 방수 공사를 진행한다

7 타일 작업

방수 공사가 완료된 후 화장실과 부엌, 다용도실에 타일 작업을 진

행한다

8 위생도기 및 타일 공사

위생도기 및 타일을 취향에 맞춰 시공한다

9	**9 도배** 내부 공사의 마무리는 도배라 할 수 있다. 도배는 들뜨지 않게 꼼꼼히 시공한다
10	**10 바닥 마루 시공** 바닥에 마루를 시공하여 집의 분위기를 따뜻하게 만들어준다

11	**11 조명 설치** 　인테리어의 꽃은 조명이다. 인테리어 미팅을 통해 원하는 조명을 선택해 시공한다
12	**12 인테리어 시공** 　내부를 좀 더 구성지게 만들어주어야 한다. 계단 밑과 거실 공간에 인테리어 마감 부분을 시공한다

	13,14 가구 공사
13	빈 공간에 가구를 채워 넣을 차례다. 원하는 브랜드와 종류에 따
14	라 시공한다

05

마무리

: 준공 청소 → 완공 및 준공 → 지속적인 사후 관리

1 준공 청소

집이 완공되었다. 준공 청소를 통해 집을 깨끗하게 정리한다

2 완공 및 준공

집이 완공됨과 동시에 준공 절차를 밟아 건축주가 입주 가능하도
록 일을 진행한다

집짓기 순서, 이것만 꼼꼼히 체크하면 어렵지 않아요

내 집이 지어지는 과정을 쭉 훑어보니 어떠한가.

복잡하다고 여기는 사람도 있을 것이며 의외로 간단하다고 생각하는 사람도 있을 것이다. 일부러 굵직굵직한 부분들만 압축적으로 설명했다. 집 지을 때 너무 복잡하게 생각해 일처리를 하면 미리 지쳐버리게 된다. 그렇기 때문에 '이 정도만 알고 있으면 업자에게 휘둘릴 일은 절대 없다!' 수준으로 간략하게 정리한 것이다.

내 집 짓기를 시작했는가?

그렇다면 앞서 소개한 공정별로 잘 진행되는지, 빠져 있는 부분은 없는지 체크하면서 진행해나가자. 훨씬 더 수월하게, 안전하게, 따뜻하게, 내 집을 지을 수 있을 것이다.

전원주택 짓기에 대한

잘못된 상식을 바로잡다

**집이라는
근본적인
가치를 탐구하다**

집을 짓기로 결심했다
그런데 막상 무엇부터 손을 대야 할지 막막하다
나만의 집짓기,
어디서부터 어떻게
시작해야 할까?

02

집짓기 탐구생활

—

이론을 알아야 좋은 집을 짓는다

대지 편	설계 편
내·외장재 편	시공 편

대지 편
垈地

공간을 풍성하게 만드는
대지와 자연의 변신

[준비]
좋은 땅은 우리 가족이 살기 좋은 집을 만든다.

진·출입로가 확보된 땅
주변에 혐오시설이 없는 땅
산과 물로부터 적당한 거리가 있는 땅
성토·절토하고 약 3년이 지난 단단한 땅
저·고지대가 아닌 땅
주변에 초고층 건물이 없는 땅
북벽이 아닌 땅

대지 편

좋은 땅 고르는 핵심 포인트

보기 좋은 집? 살기 좋은 집!

서울 근교나 외곽으로 30분만 나가도 2층짜리 예쁜 집들을 쉽게 발견할 수 있다. 그런 예쁜 집들을 보면서 '나도 저런 집에서 살고 싶다'라는 생각 한 번씩은 다들 해봤을 것이다. 하지만 천천히 뜯어보면 겉보기에만 좋은 집들이 의외로 많다. 보기에도 좋고 살기에도 좋은 집. 이 두 가지를 모두 만족시키는 내 집 짓기 노하우 첫 번째, 좋은 땅 고르는 핵심 포인트에 대해 자세히 이야기해보려고 한다.

01. 접근성이 중요하다

-

아무리 좋은 땅이라도 도로가 없는 맹지이거나 접근성이 떨어진다면 활용성은 낮아질 수밖에 없다. 땅을 고를 때는 반드시 진입로 확보 여부를 확인해야 한다. 주요 도로와 얼마나 떨어져 있는지, 주요 도로 진·출입로와 연결은 되는지, 진입로는 표기되어 있는지 잘 살펴보는 것이 중요하다. 아무리 조망이 좋고 가격이 싸다고 할지라도 진·출입로가 확보되지 않았다면, 도로 확보를 위해 막대한 비용을 들이거나 아주 못 쓰게 되는 경우가 발생하므로 주의하도록 하자.

간혹 부동산 업자들이 '도로사용승낙서'를 받으면 된다고 하나 가급적이면 남의 땅을 지나지 않고 도로에서 바로 출입 가능하며 길의 지목이 '도로'로 되어 있는 땅을 선택하는 것이 좋다.

02. 혐오시설은 NO

-

행복한 추억만을 쌓아야 할 내 집 주변에 혐오시설이 있다면 싫지 않을까?

공장, 광산(중금속 유입), 하수종말처리장, 비행장, 기차역 주변, 고속도로 주변, 사격장, 군부대, 석산, 축사, 도살장, 화장터, 공동묘지, 고압선 부근, 농약을 살포하는 과수원 인근, 대형 트럭 진·출입로 등이 있는 대지는 피해야 한다.

03. 배산임수가 답이다?

-

배산임수라 하여 '뒤에는 산, 앞에는 물이 있는 땅'을 좋은 땅이라고 하지만 주의를 요해야 한다. 산이 가까우면 통풍에 문제가 있을 수 있고 물이 가까우면 수해나 습기로 피해를 당할 수 있기 때문이다. 바람직한 배산임수 지형으로서 진정한 명당자리란 '뒷산은 완만한 경사가 지고, 물은 저 멀리 보이는 곳'을 의미한다.

04. 물가에 바짝 붙은 땅?

-

간혹 물이 좋다고 물가에 바짝 붙은 대지를 선택하는 분들이 있다. 한 연구결과에 따르면 우울증 환자의 절반 이상이 강을 바라보며 산다는 통계가 있다. 확 트인 호수나 강을 보면 처음에는 10년 묵은 체증이 확 내려가는 듯하다. 그러나 시간이 지날수록 가슴이 답답해지거나 머리가 어지러워진다. 바로 물 주변에서 발생하는 안개 때문이다. 안개 속에는 몸에 해로운 중금속이 많이 포함되어 있다. 이러한 이유로 물은 가급적이면 멀찍이 떨어진 곳에서 바라볼 만한 위치에 있는 대지가 좋다. 그럼에도 불구하고 물가 쪽의 대지를 원한다면 물 흐름이 완만한 곳을 찾는 것이 차선책이라 할 수 있다.

05. 경관이 좋으면 무조건 OK?

-

경관이 좋다고 모든 것이 OK는 아니다. 강변, 골짜기, 계곡 주변은 피하라. 경관에 너무 치우치면 여름 장마철이나 태풍 시 안전에 위협을 받을 수 있으니 주의해야 한다.

06. 성토한 땅인지 절토한 땅인지 확인해라

-

성토한 땅은 지반이 물러 건축 후 균열이 발생하기 쉽다. 또한 지반이 대체로 낮기에 옹벽이나 축대를 쌓고 흙으로 메워야 한다. 절토한 땅은 뒤에 옹벽을 쌓아야 하고, 앞에도 축대나 옹벽으로 보강해야 하므로 토목비가 많이 들 뿐만 아니라 모양도 좋지 않다.

따라서 구입 전에 이를 꼭 확인해야 한다. 만약 성토나 절토 중 한 곳을 구입해야 한다면 3년쯤 지난 단단한 대지를 선택하는 것이 바람직하다.

07. 저지대와 고지대는 피해야 한다

-

저지대일 경우에는 국지성 홍수 때 침수를, 고지대일 경우에는 산사태, 강 주변일 경우에는 토지 유실 등의 수해를 입을 수 있으므로 강 바로 앞이나 계곡 등에 접해 있는 땅들은 꼭 전문가의 확인 절차를 통해 구입해야 한다.

08. 초고층 아파트에서 멀어져라

-

많이 놓치는 체크사항 중 하나다. 도심 지역에 대지가 위치했다고 덜컥 구입부터 하는 분들이 있다. 하지만 도심 지역의 경우 초고층 빌딩이나 아파트로 인해 소위 빌딩풍이라 일컫는 돌풍이 발생해 지붕이나 창문 피해가 우려되니 가급적이면 옆에 높은 건물이 있는 땅은 피하는 것이 좋다.

09. 북벽은 삼가는 것이 좋다

-

시골은 도시보다 눈비가 많이 내린다. 하수시설이 잘 갖춰지지 않은 도로는 수로가 되거나 얼음바닥으로 변하는데 특히 비탈진 길, 더욱이 북벽이라면 그 정도가 매우 심각하다. 겨울철엔 차량 통행은 물론이고 보행마저도 어려워진다.

겨울철 시골길을 주행할 때 눈 녹은 반대편에 눈 모자를 쓴 산이나 하얗게 눈이 쌓여 있는 지붕을 쉽게 볼 수 있다. 그만큼 북벽은 춥고 어둡기 때문이다. 어두운 곳에서 생활하는 사람은 밝은 곳에서 생활하는 사람보다 건강이 좋지 않다는 통계가 있는 만큼 가급적이면 북벽을 피해 대지를 구입하는 것이 좋다.

10. 대지 모양과 대지 방향을 파악해라

-

건축 시 대지 모양에 따라 설계 계획을 잡게 된다. 건축주가 원하는 집의 형태가 대지 모양에 맞게 지어져야 하므로 이 점을 고려해 대지를 구입해야 한다. 전체적으로 반듯한 대지라면 설계 계획을 잡는 데 큰 문제가 없지만 이러한 대지는 흔치 않다.

대지 방향은 일조량과 밀접한 관계가 있으며 실배치 시에도 중요한 영향을 미친다. 시공 시 여름엔 시원하고 겨울엔 따뜻한 집이 될 수 있도록 하는 요소다. 대체적으로 동남향이 좋다.

11. 평수는 미리 정해 놓아야 한다

-

전원주택을 꿈꾸는 사람들의 대부분은 넓은 정원과 텃밭을 생각하고 있다. 그렇기 때문에 땅을 구입하거나 평수를 정하기 전에 대략적인 건축 평수를 먼저 결정한 다음 그에 맞는 땅을 구입하는 것이 좋다.

12. 현재 조건만으로 땅을 평가하지 말자

-

다른 사람이 지은 전원주택을 보고 감탄사를 연발하면서도 그보다 훨씬 좋은 땅을 추천하면 시큰둥한 표정을 짓는 분들이 있다. 그 이유는 집이 완공된 후의 모습을 그려보는 심미안이 부족하기 때문이다.

대부분의 건축주들은 반듯하고 네모난 땅을 선호한다. 천편일률적으로 찍어내 아무 개성이 없는 전원주택 단지들이 이런 땅에 해당된다. 집짓기에는 이러한 땅이 편하다 할지라도 재미있는 공간이 나오기는 어렵다. 오히려 약간 불규칙한 땅이 재미있는 연출을 할 수 있고 어디에도 없는 나만의 독특한 집이 될 확률이 높다. 또한 불규칙한 땅일수록 가격이 저렴하기 때문에 처음부터 제외시키는 것보다는 천천히 파악해본 다음 판단하는 것이 좋다.

스타 건축가 3인방의
TALK & TALK

좋은 땅과 나쁜 땅

여러 조건들을 기준으로 전원주택 '터'의 좋고 나쁨을 평가할 수 있다. 하지만 단점을 갖고 있는 땅이라고 해서 무조건 나쁜 땅은 아니다. 어떻게 집을 앉히고 어떻게 다듬을 것인지에 따라, 땅의 단점이 상쇄될 수도 있고 땅의 값어치가 올라갈 수도 있다.

이 책에서 이야기한 조건들을 참고하되 '이 정도의 단점은 내가 안고 갈 수 있겠다' 하는 부분이 있으면 과감하게 결단내리는 것도 좋은 방법일 수 있다. 앞서 제시한 12가지 핵심 포인트를 잘 참고하길 바란다.

대지 편

전원주택 단지 구입 전
반드시 확인해야 하는 19가지

전원주택 열풍이 불면서 무수히 많은 신생 전원주택 단지들이 생겨나고 있다. 단지 내에 모든 것이 완비돼 있다며 장점만 나열하는 소개 또한 쉽게 볼 수 있다. 과연 모든 전원주택 단지들이 내 집을 짓기에 완벽한 조건을 갖추고 있을까? 최종 구매 단계까지 이르렀다면 지금부터 하는 이야기를 주의 깊게 살펴볼 필요가 있다.

01. 구입한 땅의 면적과 실제로 집을 지을 수 있는 땅의 면적이 다르다?
공유 면적을 확인해라
-

땅은 100평을 구입하였는데 실제로 집을 지을 수 있는 땅은 90평?!

간혹 대지 분석을 하는 도중에 대지 실면적을 보고 의아해하는 사람들이 있다. 땅은 100평을 샀는데 집을 지을 수 있는 대지는 90평밖에 되지 않는 상황이 발생했기 때문이다. 이런 경우는 극히 드물지만 내가 구입한 대지에 공유 면적이 포함된 경우 도로나 공원 등의 평수가 빠지므로 분양 면적, 즉 실제 건축할 수 있는 대지 면적이 줄어들게 되는 것이다. 건폐율에 문제가 되지 않는다면 상관없지만 내가 짓고자 하는 평수대로 못 짓는 경우도 생길 수 있으니 대지 구입할 때 공유 면적 비율과 실제 건축 가능한 면적 비율을 파악하는 것이 좋다.

02. 도로 포장? 전문가와 먼저 논의하자
-

가끔 도로를 미리 포장하는 건축주들이 있다. 도로를 만들어두면 공사가 편리할 것이라 생각해 도로 포장부터 하는 경우다. 하지만 도로 포장은 건축 공사가 마무리될 때쯤 해야 한다. 미리 정비해 놓으면 시공하는 입장에서는 편하지만 잘못하다가는 비용이 배로 발생할 여지가 있기 때문이다. 도로 가장자리에 상·하수도 배관이나 전기통신선로를 매설해야 하므로 결국 포장을 걷어낼 수밖에 없다. 또한 공사 중에 자재를 쌓아 놓거나 운송차량이 오가다 보면 지반 침하 등의 손상이 있을 수 있다. 그렇기 때문에 전문가에게 먼저 조언을 얻은 후 일을 진행하는 것이 비용의 이중 지출을 방지할 수 있다.

03. 소유권 확인은 필수

-

기획부동산이나 분양 업체에서 지주와 계약금만 처리된 상태로 분양을 처리하는 경우가 있으므로 분양 계약서보다 먼저 토지매매 계약서를 작성해야 한다. 또한 땅 주인, 분양 업체, 시공사 등의 권리 관계가 어떻게 이루어져 있는지를 파악해야 한다.

농지전용을 허가 받아 단지 개발을 하는 경우 건축이 100% 완성되어야 지목 변경과 소유권이전등기가 가능하며, 임야를 형질변경하여 단지 개발을 하는 경우 건축이 30% 완성되어야 소유권이전이 가능하므로 반드시 체크해보도록 하자.

04. 집만 지으면 끝일까? 기반시설을 잊지 말자

-

오직 건축비만 생각하고 집을 짓는 분들이 많다. 하지만 집으로서 기능하기 위해서는 기본적으로 기반시설이 수반돼야 한다. 상·하수도 시설, 전기, 통신, 주차장, 도로, 정화조, 인터넷 등이 이에 포함된다. 전원주택 단지의 경우 대부분 기반시설이 마련되어 있지만 그렇지 않은 곳도 있기 때문에 잘 확인하여 손해 보는 일이 없도록 해야 한다.

05. 경험은 언제나 중요하다

-

전원주택 단지 개발의 경우 경험이 있는지 없는지가 중요한 기준이 될 수 있다. 처음 개발하는 기업이라면 전문적인 경험이 적기 때문에 놓치는 부분들이 많을 수 있으며, 수차례 전원주택 단지 개발을 해본 기업이라면 기반시설부터 전반적인 진행 프로세스 등이 이미 수립돼 있는 경우가 많아 가급적이면 경험이 많은 기업의 전원주택 단지를 선정하는 것이 안전하다.

06. 오랫동안 분양되지 않은 땅? 장기 미분양 대지는 다시 한 번 확인해라

-

역세권에다가 근처에 IC가 있고 기반시설도 너무 잘되어 있는 단지에 오랫동안 분양되지 않은 땅을 발견했다?!

이런 땅은 무조건 의심해봐야 한다. 주변 환경 및 모든 조건이 완벽하다 할지라도 다른 사람들이 사지 않고 놔둔 땅에는 다 그만한 이유가 있기 때문이다. 땅 바로 아래 물이 흘러 습기가 올라오는 대지라든지 뒤에 산이 있어 통풍이 안 된다든지, 장마 때만 되면 하수도가 역류할 수 있다든지 등 여러 가지 이유가 있을 수 있으므로 오랫동안 거래되지 않았거나 주인이 자주 바뀌었다면 의심을 해보자.

07. 주변 개발계획? 환금성도 무시할 수 없다

–

무인도처럼 뚝 떨어져 있는 전원주택 단지도 장점이 있지만 내 집을 급히 팔아야 할 때 매매되지 않는 경우의 수 또한 고려해야 한다.

주변에 큰 도로가 생긴다거나 대규모 개발이 진행된다는 등의 정보를 잘 파악해두어야 불시에 내 집을 처분해야 하는 상황이 발생하더라도 집이 팔리지 않는 경우를 미연에 방지할 수 있다.

08. 부지 가분할? 건축 인허가 여부를 알아보자

–

지적도상에는 분할이 완료되었으나 현황에선 한 필지 또는 분할이 되어 있지 않은 경우, 도로로 사용한 부지가 지목상으로 도로가 아닌 임야 등으로 되어 있는 경우에 건축 인허가가 어려우므로 해당 관청에 문의해 건축 인허가 여부를 확인한 다음 부지를 매입해야 한다.

09. 주변과의 시세를 파악해야 한다

-

주변 전원주택 단지와의 시세 파악은 필수다. 아무리 잘되어 있고 내 맘에 꼭 들더라도 터무니없이 주변보다 가격이 높다면 한 번쯤 고려해보자. 최소 세 군데 이상 부동산을 방문하여 주변 시세를 파악해볼 것을 추천하며, 환급성 및 투자 가치적인 관점에서 전원주택 단지 내 대지를 검토해보는 것이 좋다.

10. 권리 제한 확인은 필수

-

'권리 제한'이란 근저당, 가압류, 가등기, 가처분 등을 통합하는 용어로서 대지 구입 시 나에게 모든 권리가 주어지는지 파악할 수 있는 중요 요소다. 예를 들어 주택 경매 시 내가 권리를 얻을 수 있는지 없는지 파악하는 단계와 비슷하며 만약 대지에 여러 가지 법적 문제가 꼬여 있다면 가급적 피할 것!

11. 혹시 여기 토지거래허가구역 아니야?

-

토지의 투기적인 거래가 성행하거나 성행할 우려가 있는 지역 및 지가가 급격히 상승하거나 상승할 우려가 있는 지역에 땅 투기를 방지하기 위해 설정하는 구역을 '토지거래허가구역'이라 일컫는다.

이따금 전원주택 단지가 토지거래허가구역에 세워지는 경우가 있다. 이럴 땐 건축 인허가에 문제가 생길 수 있으므로 반드시 사전에 인허가 서류를 직접 확인하고 관할 시·군청에 자신의 건축 계획이 기존 허가조건에 맞는지 꼭 알아봐야 한다.

12. 용수량은 어느 정도일까?

-

기반시설 중에서도 가장 중요한 것이 무엇일까? 바로 '물'이다. 모든 시설이 다 들어와 있다 할지라도 물이 없다면 살 수 없기 때문이다.

전원주택 단지의 경우 지하수를 파야 할 때도 있지만 단지 내 공동으로 사용 가능한 용수가 만들어져 있는 곳들이 있다. 하지만 만들어져 있다고 끝나는 것이 아니므로 이 용수가 전 세대원들에게 공급할 정도가 되는지를 파악해봐야 한다. 물이 많은 지역일지라도 세대가 많다면 용수 부족이 발생할 수 있으므로 꼼꼼히 체크하는 것이 좋다.

13. 지하 매립시설을 체크해라

-

지하에 매립하는 설비시설도 체크사항 중 하나다. 상수도관의 경우 겨울에 동파될 우려가 있으므로 지하 1m 이상의 깊이에 묻어야 하고 전기선은 세대당 5-8*kW* 정도의 용량을 견딜 수 있는 케이블을 설치하는 것이 좋다. 또한 세대당 2-3회선을 미리 설치하는 것이 추후 증축이나 하자 발생 시 문제를 해결하기 쉽다.

14. 오·폐수 정화시설 신경 쓸 것!

-

오·폐수 정화시설도 꼼꼼히 살펴봐야 한다. 10세대 이상일 경우에는 해당 관청에서 오·폐수 정화시설을 설치하도록 하고 있으며, 10세대 미만의 단지더라도 가급적 집단 오·폐수 정화시설을 적극적으로 검토하는 것이 추후 관리적 측면에서 효율적이라 할 수 있다.

15. 반드시 등기이전 후에 잔금 치르기

-

전원주택 열풍으로 경기도 일대에 전원주택 단지가 우후죽순 생겨났다. 믿을 만한 기업이 진행하는 현장도 있지만 개인이 직접 진행하는 경우도 허다하다. 여기서 허점이 발생하는데 단지개발사업의 경우 건물이 완공되고 대지로 지목이 바뀌기 전까지는 등기이전이 안 된다는 점이다. 아무런 문제없이 끝난다면 상관없지만 해주기로 한 토목공사 등을 모르쇠로 일관하는 경우도 간혹 있으므로 등기이전이 되기 전까지는 잔금 처리를 하지 않는 것이 유리하다.

16. 단지 성향을 미리 분석해라

-

내 집을 지을 꿈에 부풀어 있는데 단지에서 정해진 모양으로만 집을 지으라고 한다면 매우 당황스러운 상황이 벌어질 수 있을 것이다.

때때로 토목업체에서 건축까지 같이 진행하기 위해 평면과 외관을 몇 개 안으로 정해 놓고 진행할 때가 있는데 이런 경우 원하는 공간 구성과 입면을 디자인할 수 없기 때문에 단지 내 대지 구입 전 이 부분을 꼭 미리 체크해야 한다. 가급적이면 계약사항에 설계와 시공은 건축주가 결정한다는 사항을 적어 놓는 것이 유리하다.

17. 단지 내 도로의 소유권? 개인 소유인지 확인해라

-

간혹 단지 내 도로가 개인 소유로 되어 있는 경우가 있다. 이러한 경우 남의 땅을 지날 때 도로사용승낙서를 받아야 하는 번거로움이 생길 수 있으므로 지적도상에 도로가 공용으로 되어 있는지 아니면 개인 소유로 되어 있는지 한 번쯤 확인하는 것이 좋다.

18. 조망권 및 일조권이 중요하다

-

단지 내 대지는 평균적으로 150평 내외로 분할되어 있다. 단지를 개발하고 처음 집을 짓게 될 경우 주변에 건물들이 없기 때문에 조망권과 일조권이 모두 보장된다. 그러나 나중에 내 집 바로 옆에 집들이 다닥다닥 붙어서 지어진다면 창문을 열었을 때 옆집 벽이 보이게 되는 웃지 못할 상황이 발생할 수 있다.

설계 시 이러한 부분들까지 확인해 추후 단지 내에 집이 모두 지어질 경우에도 조망권과 일조권을 확보할 수 있도록 해야 한다.

19. 인프라 시설, 무시하면 100% 후회할걸?

-

전원주택 단지에서 체크해야 할 마지막 사항이다. 바로 인프라 시설과의 거리. 조용하고 여유롭게 자연과 벗 삼아 생활하는 것도 좋지만 갑자기 아프거나 은행 업무 등이 필요할 때 거리가 너무 멀다면 곤혹스러운 일이 발생할 수도 있다. 차로 10분 내에 갈 수 있는 병원이나 학교, 은행 등의 인프라가 작게나마 구성돼 있는 단지가 가장 좋다.

대지 편

내 집을 지을 땅의 용도지역 이해하기

내 소유의 땅이 있다고 해서 건물을 무조건 지을 수 있을까? 그렇지 않다. 아무리 내 소유라고 할지라도 정해진 법률에 따라 땅마다 지을 수 있는 건축물이 정해져 있다. 즉, 용도지역(도시지역, 농림지역, 관리지역, 자연환경보전지역)에 따라 건축 가능 여부와 건축물의 용도가 결정된다는 것이다. 내가 구입하고자 하는 땅이 한두 개의 선택지로 좁혀졌다면 이번 내용을 토대로 꼼꼼히 검토하길 바란다.

01. 땅의 용도지역을 이해하자

「국토의 계획 및 이용에 관한 법률」을 살펴보면 땅은 크게 도시지역, 농림지역, 관리지역, 자연환경보전지역 이렇게 네 개의 용도지역으로 구분된다.

국토는 정해진 속성에 따라 이용되거나 개발되어야 하고 다른 용도로 이용될 때는 그에 해당하는 허가절차를 거쳐야 한다.

농지는 원칙적으로 농사를 짓는 사람이 소유해야 하기 때문에 그렇지 않은 사람은 취득할 수 없다는 것이 법의 기본 입장이며, 농지를 취득할 때는 농지취득증명이란 것을 받아야 한다.

농지취득증명은 해당 면소재지의 농지위원 두 명이 '이 사람은 농사를 지을 사람이라고 확인해주는 것'이다. 증명을 받기 위해서는 '일 년에 30일 이상 농사를 짓지 않으면 강제로 매수를 해도 이의를 제기하지 않겠다'는 내용으로 농지매매취득신청서에 서명날인을 해야 한다.

02. 지적법상 땅들은 한 필지마다 나름대로의 '지목'을 갖게 된다

지목은 땅의 쓰임, 즉 용도이다. 예를 들어 '대지'란 '건축물의 부지'고 '학교용지'란 '학교와 부속시설용 토지로 쓸 수 있는 땅'이란 뜻이다. 그 종류는 모두 24가지다.

집을 짓거나 건축을 하려고 할 때 지목이 '대'로 되어 있어야 문제가 없다. 그러나 다른 지목으로 되어 있는 땅이라 하여 집을 아예 못 짓는 것은 아니다. 해당 시군구청에 지목변경을 신청해 허가받으면 가능하다.

앞서 설명한 도시지역이나 농림지역 등을 다른 지역으로 바꾸기는 매우 어렵지만 지목은 특수한 경우를 제외하고는 변경이 비교적 쉬운 편이다. 그래서 전원주택을 지을 경우 대지를 구할 수 없을 때는 관리지역(예전의 준농림지역)의 전이나 답, 임야 등을 구입해 대지로 변경하여 집을 짓는 경우가 일반적이다.

그러나 농민은 1가구 1주택에 한해 농림지역에서도 농가주택을 지을 수 있다. 한마디로 농민일 경우에는 농가주택에 한해 어떤 땅이든 집을 지을 수 있다고 보면 된다.

03. 농지법에서 정한 '농민'의 정의

-

농지법에서 정한 농민은 다음 세 가지로 정의된다.

① 303평(1,000㎡) 이상의 농지에 농작물 또는 다년성식물을 경작 또는 재배하거나 1년 중 90일 이상 농사에 종사하는 자
② 농지에 100평 이상의 고정식 온실, 버섯재배사, 비닐하우스 등 농업생산에 필요한 시설을 설치하여 농작물 또는 다년성식물을 경작 또는 재배하는 자
③ 대가축 2두, 중가축 10두, 소가축 100두, 가금 1,000수 또는 꿀벌 10군 이상을 사육하거나 1년 중 120일 이상 축산업에 종사하는 자

04. 새로 땅을 구입할 때 챙겨야 하는 서류

-

새로 땅을 구입해 전원주택을 짓고자 한다면 구입 전 반드시 챙겨야 하는 서류들이 있다. 토지이용계획확인서와 지적도, 토지대장 등을 확인하고 의심이 가는 사항이 있으면 관계공무원이나 부동산 전문가 등과 상담해보길 바란다. 또한 서류상 문제가 없는 땅이라 하더라도 현장에 직접 가보고 직접 눈으로 확인해야 실수가 없다.

05. 도시지역이라고 다 같은 도시지역이 아니다, 이것만은 꼭 체크하자

-

도시지역은 인구와 산업이 밀집돼 있거나 밀집이 예상돼 당해 지역에 대하여 체계적인 개발·정비·관리·보전 등이 필요한 지역이다.

① 주거지역: 거주의 안녕과 건전한 생활환경의 보호를 위하여 필요한 지역
② 상업지역: 상업 그 밖의 업무의 편익 증진을 위하여 필요한 지역
③ 공업지역: 공업의 편익 증진을 위하여 필요한 지역
④ 녹지지역: 자연환경·농지 및 산림의 보호, 보건위생, 보안과 도시의 무질서한 확산을 방지하기 위해 녹지의 보전이 필요한 지역

이렇게 네 가지로 구분되며, 같은 도시지역이라 할지라도 법규 및 조례 등이 다르므로 땅을 구입하기 전에 꼭 확인해야 한다. 특히 조례에 보면 각 지역별로 지을 수 있는 건물 등이 기입되어 있으므로 이 부분을 확인한 후 진행하는 것이 좋다.

06. 관리지역 3가지

—

관리지역이란 '도시지역의 인구와 산업을 수용하기 위해 도시지역에 준하여 체계적으로 관리하거나 농림업의 진흥, 자연환경 또는 산림 보전을 위해 농림지역 혹은 자연환경보전지역에 준하여 관리가 필요한 지역'을 뜻한다. 전원주택이나 펜션 등은 일반적으로 여기에 해당하는 땅을 전용이나 형질변경해 지어진다.

2003년 1월 1일 이전 준농림지역(농업진흥지역 밖)은 「국토의 계획 및 이용에 관한 법률」에 의한 관리지역에 해당하며, 개발할 곳과 보전할 곳으로 구분하는 토지적성평가를 실시해 계획관리지역·생산관리지역·보전관리지역으로 세분화되었다.

수도권 내 시·군과 광역시, 광역시와 인접한 시·군은 2005년 말까지 세분토록 하고 그 밖의 시·군은 2007년 말까지 세분화하도록 했다. 이들 중 계획관리지역이 가장 규제가 적으므로 다목적으로 개발하기 위해서는 계획관리지역에 편입된 땅이 바람직하며 개발용도인 계획관리지역에서만 아파트 단지 건설, 공장 건설 등이 가능하다. 관리지역(종전 준농림지역)에서 허용되는 행위는 녹지지역 수준으로 규정하고, 녹지지역과 동일하게 관리지역도 4층 이하 건축물만 허용하고 있다.

① 보전관리지역: 자연환경 보호, 산림 보호, 수질오염 방지, 녹지공간 확보 및 생태계 보전 등을 위하여 보전이 필요하나, 주변의 용도지역과의 관계 등을 고려할 때 자연환경보전지역으로 지정하여 관리하기가 곤란한 지역
② 생산관리지역: 농업·임업·어업 생산 등을 위해 관리가 필요하나, 주변의 용도지역과의 관계 등을 고려할 때 농림지역으로 지정하여 관리하기가 곤란한 지역
③ 계획관리지역: 도시지역으로의 편입이 예상되는 지역 또는 자연환경을 고려하여 제한적인 이용·개발을 하려는 지역으로서 계획적·체계적인 관리가 필요한 지역

관리지역은 이처럼 세 가지로 분류되며, 관리지역이라 할지라도 특성들이 다 다르므로 잘 파악하여 내 집 짓기를 진행하길 바란다.

07. 농림지역은 더더욱 꼼꼼히 확인해볼 것!

－

농림지역은 농지법에 의한 농업진흥지역 또는 산림법에 의한 보전임지 등으로, 농림업의 진흥과 산림의 보전을 위해 필요한 지역이다. 이들 지역은 주택 신축을 상당히 제재하는 편이다. 우선 토지 소재지로 주소를 이전해 현지인이 되어야 하며, 농지원부를 만들어 농업인이 되면 농가주택은 가능하지만 무주택자라야 하므로 농림지역에 집을 짓고자 할 경우에는 타 지역보다 더 꼼꼼히 체크해야 한다.

08. 자연환경보전지역은 규제가 심하다

－

자연환경보전지역은 자연환경, 수자원, 해안, 생태계, 상수원 및 문화재의 보존과 수산 자연의 보호 육성 등을 위해 필요한 지역이다.

자연환경보전지역의 대지에는 집을 지을 수 있으나 전용은 거의 불가능하다. 단독적으로는 농가주택이나 복지시설, 농업시설 등을 쉽게 지을 수는 있어도 규제가 까다로운 편이며, 지목이 대지라 하더라도 음식점, 숙박업소 설치가 원칙적으로 금지된다. 공원보호구역의 경우에도 집을 지을 수 없다.

다만 수질오염이나 경관 훼손 염려가 없고 지목이 대지인 경우에 한해 시·군·구 조례에 의해 다양한 적용을 하고 있으므로 해당 시·군청의 확인이 필요하다.

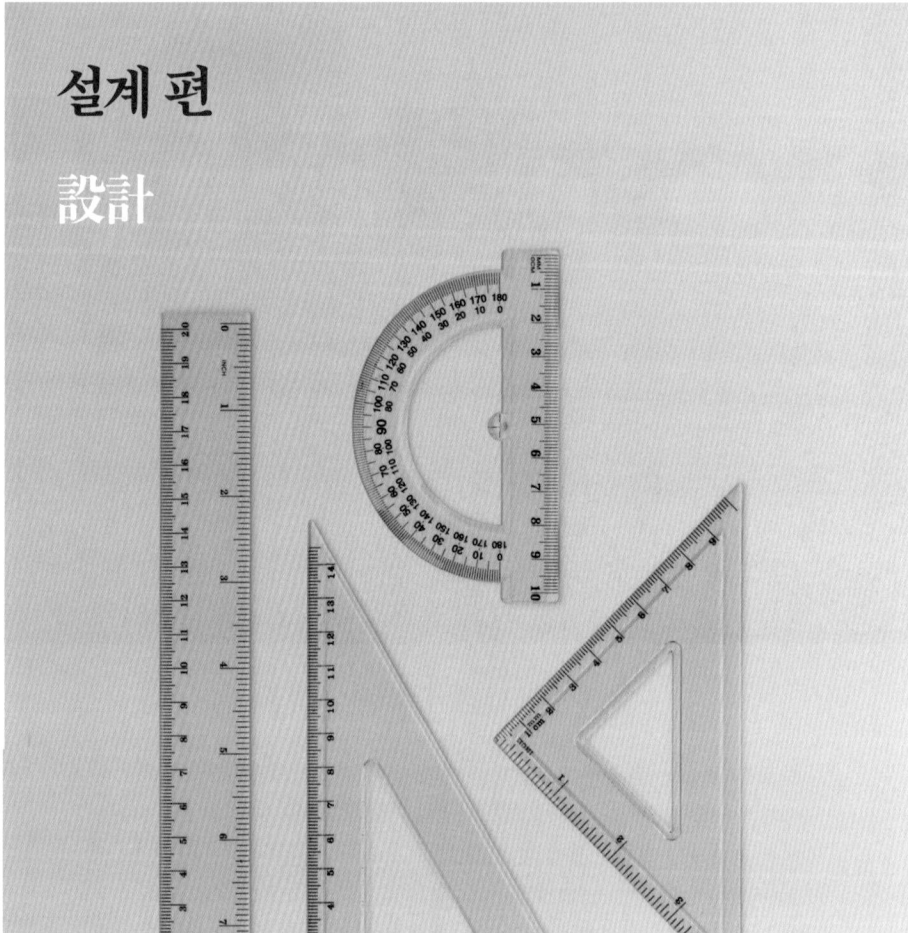

설계 편
設計

생활의 편리함을 더하는
공간의 구성

[준비]
완벽한 설계를 하기 위해서는
꼼꼼한 준비과정이 필요하다.

구체적인 예산 책정
내가 살 집의 용도 결정
가족 구성원의 라이프스타일에 맞는 공간 구성
외관 분위기 및 건축 공법 결정
주차공간 및 내 집만의 독특한 공간 설정
홈네트워크 시스템와 같은 스마트기술 접목 여부

설계 편

전원주택 설계
'누구'에게 맡길까?

대뜸 '평당 가격'에 관해 질문 받는 경우가 있다. 하지만 사람마다 서로 다른 집을 꿈꾸고 있기 때문에 집 짓는 데 필요한 비용은 동일하지 않다. 그렇다면 내 머릿속에 담긴 집에 대한 요소와 생각들을 어떻게 가시적으로 표현해낼 수 있을까? 집에 대한 나의 생각을 가시화하는 단계가 바로 설계 단계다. 어떠한 경우라도 설계도면 없이 비용이 산출될 순 없다. 좋은 설계는 좋은 시공에 이르게 하는 첫 단추다. 왜? 설계도면 그대로 지으면 되니까!

01. 좋은 설계란 무엇일까?
-

내 집을 책임질 설계사무소를 선택하기 전 좋은 설계가 무엇인지 짚고 넘어가야 한다.

"설계를 잘 하려면 어떻게 해야 하나요?"
"내 집 설계를 잘 하고 싶은데 어떻게 해야 하나요?"
전원주택을 짓고자 하는 사람들이 가장 먼저 하는 질문이다. 결국 '좋은 설계란 무엇인가'라는 질문으로 집약되는데, 솔직히 말해 좋은 설계에 대한 모범답안을 정의내리기가 어렵다. 공사가 용이한 설계는 있어도 좋은 설계의 절대적인 기준은 없기 때문이다. 이렇듯 좋은 설계에 대한 답은 여러 가지로 정의내릴 수 있기 때문에 '건축주만을 위한, 좋은 설계를 위한 설계사무소를 결정하는 일은 매우 중요하다.

02. 좋은 설계사무소는 어떻게 찾아야 할까?
-

사람은 환경의 지배를 받는다. 잘 정돈된 호텔 로비에서는 쓰레기를 함부로 버리지 않으며 법당이나 교회에서는 범죄를 모의하지 않는다고 한다. '사람이 건축을 만들지만, 그 건축이 사람을 만든다'는 영국의 수상 처칠의 말도 이와 상통한다.

건축학과에서는 대부분 2학년 때 설계 수업을 시작하고 주택 계획을 첫 과제로 내준다. 학생들은 창의적이고 혁신적인 주택을 설계하고자 노력하지만 결국엔 자기가 살던 집을 그려놓는 데 그치고 만다. 자신이 살아온 주택환경이 답이라고 여겼기 때문이다.

문제는 환경이다. 좋은 환경에서 일을 하면 비록 기본 지식이 부족하고 창의적인 발상이 부족하더라도, 오랫동안 몸에 배인 좋은 습관만으로 훌륭한 건축을 수행할 수 있는 능력이 몸에 쌓인다.

어느 설계사무소를 선택할지 망설여진다면 사장이나 대표 건축사가 아닌 직원들의 표정과 눈빛을 살펴볼 것을 권한다. 건축주의 의도와 요구사항이 최적의 방법으로 구현되는 것이 좋은 설계의 조건이라면 적극적인 소통은 필수 요소다. 열의에 차고 밝은 표정의 직원으로 구성된 조직과 그 반대 모습을 지닌 직원으로 구성된 조직, 둘 중 어느 쪽이 더 나은 설계를 할 수 있을지는 굳이 언급하지 않아도 충분할 것 같다.

03. 설계는 무료로 해달라고요?
-

최근 힐링 열풍이 불면서 전원생활을 꿈꾸는 건축주가 날로 늘어나고 있지만 내 집 짓기가 완성되는 목적지까지 가는 길은 결코 쉽지 않다. 지역을 선정하는 것에서부터 토지 매입, 설계, 건축, 그리고 입주까지 건축주가 고민하고 챙겨야 할 것들이 너무나도 많기 때문이다.

그중에서 가장 머리 아프고 민감한 부분이 바로 설계에 대한 '예산'이다. 한정된 예산을 가장 효율적으로 배분해 집을 지어야 하는데 건축주 대부분은 설계비용에 대한 계획이 많지 않다.

건축에 있어 설계란 튼튼하고 아늑한 보금자리 마련의 시작이다. 나와 내 가족의 삶에 맞춰지지 않은 설계는 살아가는 내내 불편을 줄 것이며, 공사 중에 발견되는 설계의 오류나 미비점은 수정·보완하는 동안 공사기간을 지연시킨다. 이는 결국 시간과 금전적 손실로 이어질 수밖에 없다.

제대로 된 설계는 오랜 기간 꿈꿔오던 전원주택에서 행복하게 살아가기 위한 필수 요소지만, 제대로 된 설계에 대한 투자 혹은 대가 지불에는 인색한 것이 현실이다. 수천만 원에서 수억 원에 달하는 건축비 중 설계비가 차지하는 비중은 고작 1-2%다. 그래서일까. 무료 설계를 요구하는 분들이 종종 있다. 하지만 건축에 있어 설계의 중요성은 매우 크고, 나와 내 가족의 소중한 집에 최적의 아이템을 더하기 위한 전문가의 많은 고민과 많은 노력이 깃들기 위해서는 정당한 대가를 지불하는 것이 좋다. 다른 이에게 맞춰진 설계를 살짝 변형해 지은 집에서 살 것인지, 나와 내 가족의 생활방식에 최적화되도록 설계된 집에서 살 것인지, 판단은 건축주의 몫이다.

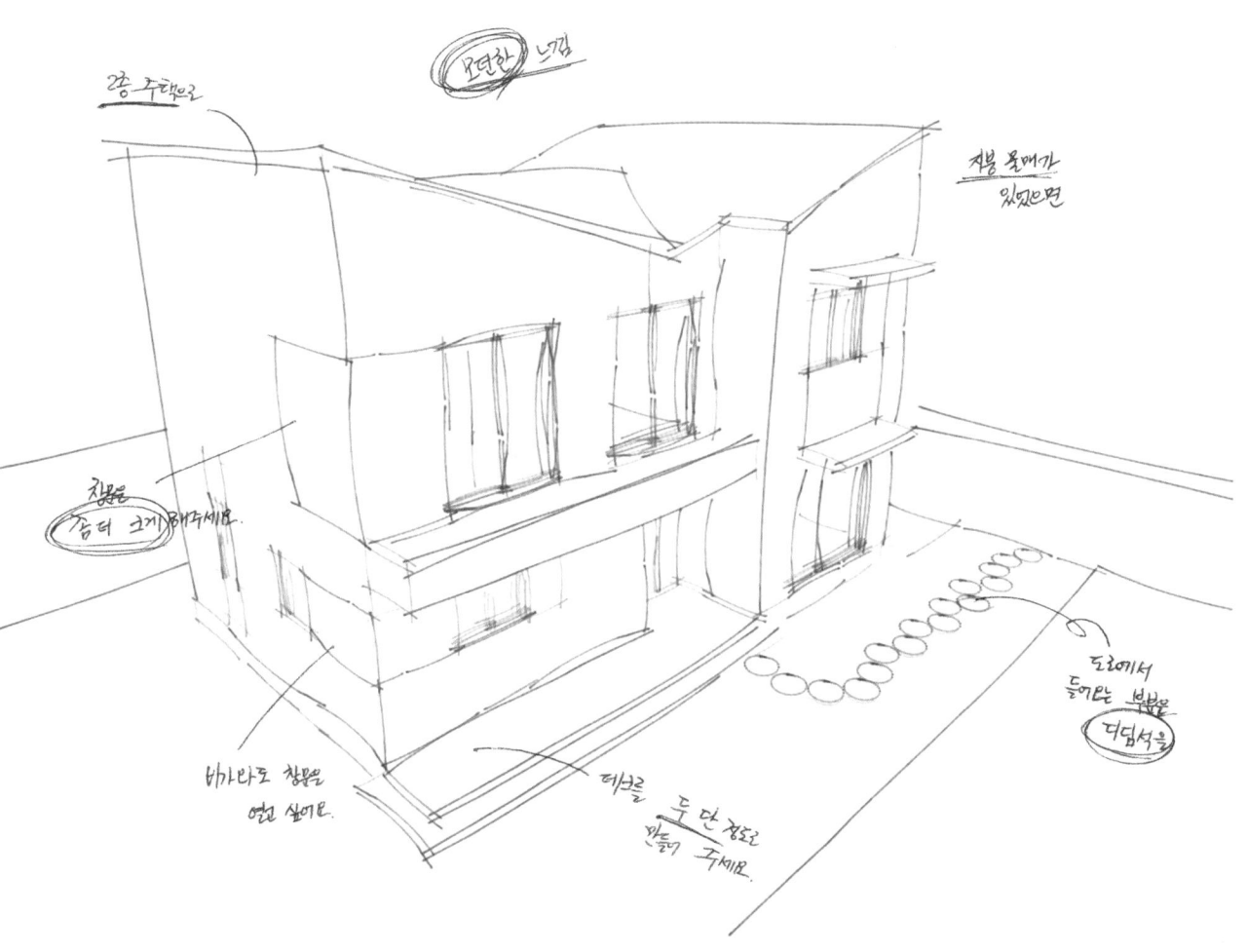

04. 작은 주택을 짓는데 굳이 설계가 필요할까?

-

주택 신축 시 시공사에서 제시하는 기시공된 주택도면으로 건축을 하는 경우가 종종 있다. 경제적인 측면에서 비용 절감이 되므로 좋은 방법일 수 있다. 그러나 집을 짓는다는 것이 짧게는 수년에서 길게는 수십 년에 걸쳐 '내 가족의 보금자리를 마련하는 일'이란 관점에서 볼 때 마냥 좋다고만은 할 수 없을 것 같다. 다른 이를 위해 설계된 집이 내 가족의 구성과 생활방식을 반영했을 리 만무하기에 살면서 많은 불편을 겪을 수 있기 때문이다.

좋은 설계 도면은 건축 시 시행착오를 예방하고 건축비를 줄이며 정확한 시공으로 하자 없는 건축물을 만드는 바탕이 된다. 또한 유지보수 및 관리에도 중요한 자료로 사용되기에 결코 가볍게 여겨서는 안 된다. 입주 시점에서의 예산 절감이 오랜 세월 살아가는 동안 더 많은 비용으로 다가갈 수 있음을 명심해야 한다.

05. 건축 설계 시 챙겨야 하는 세 가지

-

건축 설계 시 가장 기본적으로 챙겨야 할 부분은 세 가지로 정리할 수 있다.

첫째, 자산 가치를 인지해야 한다.

집은 언젠가 자손에게 물려줄 수도 매각할 수도 있으므로 향후 환금성까지 고려하여 설계하는 것이 바람직하다. 즉, 개인의 독특한 취향을 반영하는 것도 중요하지만 보편성을 확보해 자산 가치를 인정받을 수 있도록 설계해야 한다는 것이다. 이를 위해서는 튼튼하고 변경이 쉬운 구조 선택, 질리지 않고 편안하게 다가오는 외관, 주변 자연경관이나 이웃 주택들과 조화를 이루면서도 절제된 변화와 균형미가 반영된 설계를 추구하는 것이 바람직하다.

둘째, 공간의 용도 특성을 고려해야 한다.

주택 설계 시 공간계획은 진입조건과 방향, 조망 등의 대지 분석내용을 감안해 특성별로 구분한 다음 설계하는 방식으로 진행된다. 모든 가족 구성원이 함께 사용하는 공동 생활공간은 가족의 휴식, 대화, 식사, 접객, 취미활동, 행사 등의 행위가 이뤄지는 곳이다. 그렇기 때문에 각각의 개인 생활공간으로 이어지는 동선을 편리하게 구현할 수 있어야 하며 가급적이면 오픈 공간으로 계획하는 것이 좋다.

셋째, 가족 구성원의 라이프스타일을 참고해야 한다.

노인이 있는 집이라면 계단의 단 높이를 최대한 낮추고 주방과 화장실 등으로의 동선을 짧게 구현하는 것이 좋으며, 유아가 있는 가정이라면 언제 어디서든 아이들의 모습을 항상 지켜볼 수 있는 동선을 구현하는 것이 좋다. 메인 침실과 주방, 거실과 주방 사이에 아이 방을 배치해서 오고가며 아이가 노는 모습을 수시로 볼 수 있도록 설계하는 것도 좋은 방법이다.

설계 편

전원주택 건축비
도대체 뭘까?

예산 잡을 때 놓치기 쉬운 부분

내 집을 지으면서 가장 힘든 점이라면 아마 예산이 아닐까?
TV, 각종 SNS 등에서 자주 접할 수 있는 예쁜 집들 덕분에 건축주의 눈이 전문가 이상으로 높아져 있 겠지만 대부분 정해진 예산 안에서 완공해야 한다. 그렇기 때문에 내 집을 짓기 위해 가장 먼저 확인해 야 할 사항은 '집을 짓기 위한 자금이 충분히 확보되었는가'이다. 예산 잡을 때 우선시해야 하는 항목 들과 놓치기 쉬운 부분을 위주로 살펴보도록 하자.

01. 대지 관련 준비 비용은 얼마일까?
-
대지와 관련된 준비 비용은 크게 네 가지로 구분할 수 있다.

땅 구입비
지역별, 입지 여건, 용도지역, 부지 면적 등에 따라 가격 차이가 크다. 그러므로 원하는 지역이 있을 경우 해당 지역의 땅 시세를 파악하는 것이 우선이며 정해진 예산 내에 구입이 가능한지 파악해보아야 한다.

농·산지 전용비
땅을 가진 건축주, 신축을 위해 땅을 구입하고자 하는 건축주는 '토지이용계획확인서'를 열람 해 땅의 지목을 확인해야 한다. 대지가 아닐 경우 개발행위 절차를 진행해야 한다. 농·산지 전용 비용, 농지보전 부담금, 대체산림자원 조성 비용이 소요되므로 꼭 지역 시청이나 군청에 비용을 문의해보자.

부동산 취·등록세
원하는 땅을 구입하였는가? 땅에 대한 취·등록세를 납부해야 등기가 이루어진다. 신축의 경 우 약 3% 정도의 취·등록세가 발생하므로 확인해서 예산을 잡아 놓아야 한다.

측량비
많은 사람들이 설계와 인허가 계약에 모든 것이 포함됐을 거라 생각하지만 측량의 경우 지적 공사에 신청해야 하는 사항이므로 설계 계약에 포함돼 있지 않다. 측량 비용은 측량의 종류, 지목 및 부지의 모양 등에 따라 다소 차이가 있을 수 있으나 보통 약 50–100만 원 정도 생각 하면 된다.

02. 설계 비용 결코 무시할 수 없다

－

설계 과정에서의 비용은 크게 네 가지로 구분할 수 있다.

기획 설계비

건축에서 가장 중요한 것이 설계다. 건축주의 생각을 담는 그릇이 바로 설계이기 때문이다. 하지만 많은 건축주들이 설계의 중요성에 대해 잘 인식하지 못하고 있다. 모든 일이 기획단계에서 성패가 좌우되듯이 건축 또한 기획설계단계에서 건축물의 품질이 결정되기 때문에 그 중요성은 더 말할 것도 없다.

건축주의 요구사항에 따라 설계 비용에 다소 차이가 있다. 브랜드의 가치에 따라 달라지기도 하고 평형대와 인허가, 감리, 사용승인 같은 비용이 각각 다르게 책정되기 때문에 업체가 선정되었다면 방문하여 상담해볼 것을 추천한다.

건축 인허가비

건축물은 용도지역, 건축물 규모 등에 따라 신고사항과 허가사항으로 나뉜다. 건축사사무소마다 차이가 있지만 신고건 기준 300만 원 전후, 허가건 기준 400~500만 원 전후로 책정되니 참고하면 될 것 같다. 간혹 비용을 아낀다고 여러 곳에 분산하여 맡기는 건축주들이 있는데 이렇게 되면 책임소재와 챙겨야 할 것들이 많아져 복잡해질 수 있으니 가급적이면 믿을 만한 업체 하나를 선정해 모든 일을 위임하는 것이 경제적이고 편하다.

조감도비

건축 설계에서 조감도는 중요한 역할을 한다. 컴퓨터가 없던 시절에는 수작업을 통해 전체적인 집의 조감도를 작성했지만 이제는 컴퓨터로 집의 외형 및 실내를 3차원으로 볼 수 있다. 완성된 집의 모습을 사전에 볼 수 있기 때문에 수정·보완 작업이 가능하고 이로써 완공 후의 만족도가 높아짐은 물론이고 건축비 또한 절감할 수 있다는 장점이 있다. 그래서 비용이 들더라도 설계와 함께 조감도 제작이 가능한 설계자가 있는 업체를 선정하는 것이 좋다.

내역 산출비

설계 도면 없이 견적을 문의하는 분들이 있다. 전원주택은 나만의 요구사항을 반영한 맞춤식 주택이지 아파트처럼 지어 놓은 집을 파는 것이 아니다. 그렇기 때문에 설계 도면 작업 후 내역을 산출하는 과정 없이는 정확한 공사 비용을 알 수 없다. 다만 그동안의 노하우를 토대로 건축 전에 어느 정도 예산이 소요될 것인가에 대한 대략적인 컨설팅은 가능하다. 많은 업체에서 이런 식의 견적을 낼 때엔 약 100만 원 전후의 금액을 받고 일을 진행하므로 참고해두자.

03. 토목공사를 시작하다

-

석축 공사

땅 구입 시 석축(옹벽) 공사가 필요한 땅인지 검토해 볼 필요가 있다. 석축(옹벽) 공사가 필요한 땅일 경우 공사에 들어가는 비용이 어느 정도인지 지역 업체에 사전 견적을 받거나 대략적인 금액을 알아본 다음 땅을 구입하는 것이 좋다.

참고로 석축 공사 시에는 대지의 위치에 따라 비용 차이가 있고, 옹벽 공사 시에는 콘크리트를 타설할 때 자연친화적이지 못하다는 단점이 있으므로 건축주의 취향, 대지 여건 등을 종합적으로 판단해 결정하길 바란다.

성·절토 공사

부지의 현황에 따라 성·절토가 필요한 땅은 추가 비용이 발생하고, 부지 지형에 따라 자연을 훼손하지 않는 건축 방식이 있으므로 전문가와 협의하여 가장 이상적인 건축물 계획을 세우는 것이 좋다. 또한 50㎝ 전후로 부지를 성·절토할 경우 개발행위를 먼저 득해야 하는 경우가 있으니 사전에 인근 토목설계사무소를 통해 알아보고 진행해야 금전적 손실을 막을 수 있다.

배수로 공사

지형에 따라 배수로 공사가 필요한 경우가 있으므로 기존 배수로 공사가 잘 되어 있는지 등을 확인해봐야 한다. 상·하수도 및 정화조 배관의 거리가 멀 경우 추가 요금이 발생할 수 있고 남의 땅을 지나가야 하는 경우 토지사용승낙서가 없으면 건축이 어려울 수도 있으니 잘 살펴본 후 땅을 구입해야 한다.

우수 공사

우수 공사를 하지 않으면 비가 올 때 배수가 원활하게 되지 않아 마당에 빗물이 고일 수 있으니 반드시 예산에 반영하여 공사를 진행하는 것이 좋다. 또한 우수공사가 3.3㎡ 가격에 포함되어 있는 줄 알고 있는 예비 건축주도 많으므로 계약 시 포함 여부를 잘 챙길 것!

지하수 공사

구입하고자 하는 땅에 대해 물의 수급이 어떻게 되는지 파악해야 한다. 사전에 지역 지하수 개발업체에 문의하여 지하수 개발 가능 여부와 가격을 알아보아야 한다. 참고로 일반 주택의 경우 500만 원 내외의 예산을 잡으면 되고 수질검사 여부가 포함된 가격인지 확인해야 한다. 또한 지하수 공사 이전에 집의 배치를 결정하고 적합한 위치에 관정을 설치하는 것이 좋다.

04. 건축 계약과 동시에 발생되는 비용

-

산 넘어 산이라고 세금이 남아 있다. 종합 건설업체나 일반 건축업체에 일괄도급을 줄 경우 부가세를 포함한 총 공사 금액을 지불해야 한다. 그래야 추후 양도 시 양도소득세 산정 근거 자료가 될 수 있다. 부가세는 필수로 내야 하는 부분이므로 꼭 염두에 두도록 한다. 산재보험의 경우 연면적 $100m^2$ 이상은 산재보험 의무가입 대상이다. 약 30평이 넘는 주택은 산재보험에 필수로 가입해야 하기 때문에 이 점도 기억해두자. 브랜드 건설회사는 산재보험을 의무로 가입해주고 있으므로 계약 시 확인해보는 것이 좋다.

05. 본격적인 내 집 짓기, 시공비를 파헤쳐보다

-

본격적인 건축 진행 전 대략적인 총 공사금액에 대한 파악이 필요하다. 하지만 설계 도면 없이 정확한 공사 비용에 대해 알 수 없으므로 기본적으로 소요되는 건축 비용에 대해 알아보자.

사전 건축물의 규모, 주택 스타일, 인테리어 수준 등을 결정한 다음 업체별로 문의해야 하며, 업체마다 규모나 전문성 등에 따라 기본 건축 비용에 차이가 있을 수 있으니 비교분석 시 현명하게 판단해야 한다. 그리고 기본 건축비($3.3m^2$ 건축비)는 큰 틀에서 이야기하는 기본 비용이며, 기본 비용 외적으로 소요되는 비용도 많으니 잘 파악하여 초기 단계에서 예산 수립에 차질이 없길 바란다.

철거 비용

건축하고자 하는 부지 내에 건축물이 있는 경우 건축물대장을 확인해야 한다. 만약 등재되어 있다면 해당 읍·면·동사무소를 통해 멸실 신고한 후에 철거해야 한다.

건축물대장상에 지분재료가 슬레이트로 명기돼 있을 경우 석면으로 분류되어 면허가 있는 전문 업체를 통해 처리해야 하며 이때 처리 비용이 별도로 발생한다. 그래서 땅 구입 전에 부지 내에 건축물이 있다면 슬레이트 지붕인지 확인할 필요가 있다.

기존 주택을 철거하고 신축을 할 경우 멸실 등기 작업까지 필요하다. 철거의 경우 각 지역마다 차이가 있으나 평균적으로 약 300~500만 원 사이로 책정되어 진행된다. 현장 상황에 따라서도 금액 차이가 발생하니 참고하길 바란다.

공사 전 준비단계 비용

착공계를 제출하면 본격적인 공사가 진행되기 때문에 공사를 위한 전기, 수도 등이 필요하다. 임시 전기 신청을 위해서는 관련 서류를 준비하여 신청해야 하는데 대부분 건축업체에서 대행해준다. 비용은 한국전력 예치금을 포함하여 약 50만 원 전후로 소요되며 추후에 한국전력 예치금은 환급받을 수 있다. 그리고 공사 완료 시점에 가스 인입을 위한 비용 등이 약 30만 원 전후로 소요된다.

임시거처 비용

기존 집을 철거하고 신축할 경우 임시거처에 소요될 비용을 예상해야 한다. 공사기간은 3~5 개월이기 때문에 공정에 맞게 기간을 설정하여 임시거처를 찾으면 된다.

장비 추가지원 비용

공사차량이 진입해야 할 폭이 너무 좁을 때에는 소형차량으로 운반하거나 별도의 장비를 이용해 공사를 진행해야 하기 때문에 추가 비용이 발생할 수 있다. 보통 $3.3m^2$ 가격으로 계약하는 경우 이런 부분을 고려하지 않기 때문에 미리 염두에 두고 있어야 한다. 그래서 설계 전 현장방문을 통해 공사여건을 미리 파악한 다음 정확한 내역을 기반으로 공사를 진행해야 이런 문제를 미연에 방지할 수 있다.

싱크대 및 가구 비용

싱크대의 경우에는 디자인과 제품의 품질, 길이, 빌트인 시스템 등에 따라 가격 차이가 많이 나기 때문에 건축시공계약에 넣을 수 없다.

싱크대 공사는 타일 공사, 전기 공사 등과 밀접한 관계가 있으므로 공정과 공정 사이의 원활한 조율이 필요하다. 그 외 신발장 공사, 붙박이장 설치도 별도이니 싱크대 공사를 할 때 전체적인 디자인 콘셉트를 설정하여 함께 하는 것이 효율적이다.

데크 비용

데크 공사의 경우 자재 및 디자인 그리고 시공 기술력에 따라 비용 차이가 발생한다. 무조건 싼 경우에는 하자 발생이 있을 수 있으므로 전문 기술력을 잘 검토해서 맡겨야 한다. 싸게 시공하기 위해 직접 하는 경우도 있지만 얼마 가지 못해 다시 시공해야 하는 일도 발생할 수 있으니 전문가와 상의해서 견적을 받은 후 결정하는 것이 좋다. 보통 3.3㎡당 75만 원 전후로 형성되며 가격 대비 디자인 품질, 사용자재, 시공 기술력을 잘 파악하여 결정하길 바란다.

정화조 설치 비용

오폐수관이 대지 내에 들어와 있다면 상관없지만 그렇지 않다면 정화조를 설치해야 한다. 평균 약 300만 원 전후로 정화조 설치 비용이 책정된다. 지역에 따라 오·수합병정화조를 설치해야 할 때도 있는데 이런 경우 약 500만 원 전후로 시공비가 책정된다.

화장실 추가 비용

화장실은 가족 구성원을 고려해 결정해야 하며 추가 화장실 설치 시에는 약 250-300만 원 정도가 소요된다. 그 외 월풀 욕조, 히노끼탕, 샤워부스, 매입형 욕조 등을 시공하게 되거나 외부 화장실을 설치하게 될 때에는 비용 추가를 생각해두어야 한다.

창고 비용

농촌의 농기구 보관함이나 창고 설치, 개인의 취미에 따른 별도의 시설이나 특별 공간을 계획하고 있을 때에는 설계 시 반영해야 하며, 그에 비례하는 예상 건축비를 산출해 놓아야 한다. 조립식 창고의 경우 평균적으로 3.3㎡당 200만 원 전후로 시공되니 참고할 것!

별도 난방장치 비용

유가상승 등으로 예비 건축주들의 고민이 늘어남으로써 기름보일러 외 다른 난방장치에 대해 많이들 고려하고 있다. 2010년부터는 심야보일러마저 지원이 없어져 새로운 난방장치에 대한 고민은 더해가고 있으며 현재 보급되고 있는 화목보일러, 펠릿보일러, 태양열보일러, 지열보일러(2014년 기준으로 40% 지원되고 있으나 해가 거듭될수록 지원 가능한 퍼센티지가 낮아진다는 설이 있어 잘 검토한 뒤 진행해야 함) 등의 설치도 생각해볼 필요가 있다.

06. 우리 가족의 생활공간, 인테리어 비용 체크

–

"집을 짓는데 무슨 인테리어 디자인비가 필요해?"
"보통 포함되어 있지 않나요?"

건축주들이 종종 되묻는 질문들이다. 하지만 평소에 생각해둔 인테리어가 있을 경우 혹은 인테리어의 중요성을 알고 있을 경우 그 금액이 어느 정도일지 사전에 검토해야 한다. 인테리어 디자이너에게 컨설팅을 할 경우 평균 약 200만 원 전후의 컨설팅비가 책정되며, 시공비의 경우 자재에 따라 금액 차이가 많이 발생하므로 전문가와 협의하여 원하는 예산 안에서 진행하는 것이 현명하다.

07. 집의 완성은 조경

–

이제 집이 완성되었으니 주변에 옷을 입혀야 한다. 전원주택의 완성도를 높이는 것은 바로 조경이다. 대부분 예산에서 조경을 제외시키곤 하는데 넓은 땅에 주택만 덩그러니 있다면 무언가 허전해 보일 것이다. 조경비의 경우 $3.3m^2$당 10-15만 원 정도로 책정하면 되고, 담장의 경우 m당 6-15만 원까지 종류가 다양하므로 담당 업체와 협의 하에 원하는 제품을 선택하면 된다.

08. 추가 비용 확인은 필수

–

집이 다 지어졌다고 해서 모든 것이 끝난 것은 아니다. 추가 비용과 관련한 부분들이 남아 있기 때문이다.

가구 구입비
기존 가구를 설치할 경우 비용은 절약할 수 있지만 이질감이 생길 수 있기 때문에 싱크대와 붙박이장은 통일성 있는 디자인으로 설치할 것을 추천한다. 브랜드와 제품에 따라 가구비에 많은 차이가 있으나 평균 전체 시공비의 약 10% 정도를 잡으면 된다.

각종 설비 인입에 관련된 비용
전기, 수도, 배수로 공사 등 각종 인입공사는 별도이므로 관련 비용에 관하여 전문가와 상의해 사전에 산출해두는 것이 좋다.

상·하수도 부담금
지하수 개발 외에 지역의 상·하수도를 사용할 경우 그에 합당한 부담금을 납부해야 한다. 지자체에 따라 차이가 있으니 진행 시 해당 지자체에 문의해볼 것!

건축물 취·등록세

부동산 구입 시 취·등록세와 함께 건물 신축 시에도 취·등록세를 납부해야 한다. 정확한 금액은 건축물 평수, 공법 등에 따라 차이가 있으니 지역 시청과 군청 건축과에 문의해보는 것이 좋다.

이사비

거리가 멀다면 이사 비용도 무시할 수 없다. 거리 및 이삿짐 양에 따라 차이가 날 수 있으니 사전에 여러 이사 업체에 견적을 받은 다음 비교 후에 진행할 것을 추천한다.

예비비

건축을 진행하다 보면 생각지도 못한 비용이 발생하는 경우가 있기 때문에 일정 부분 예비비를 확보해 놓을 필요가 있다. (예: 상량 식비, 추가 공사비(옵션) 등)

스타 건축가 3인방의
TALK & TALK

예산 책정 시 기본 건축비 외의 비용도 충분히 고려할 것

살펴보았듯이 기본 건축비(3.3㎡ 건축비) 외에 들어가야 할 비용이 많다. 그 이유는 건축주가 원하는 집이 어떻게 지어질지 아무도 예상할 수 없기 때문이다. 그러므로 가설계를 통한 간략 계약 혹은 전화 문의를 통한 협의는 사실상 불가능하다고 생각한다. 또한 지금껏 설명한 내용은 직접 비용만을 산정한 것이고 그 외에 들어가는 간접비*를 생각한다면 집을 짓는 데 더 많은 비용이 소요될 것이다.

간혹 보유하는 건축 예산보다 일부러 낮게 말하는 건축주들이 있다. 하지만 이런 경우 상담 진행 시 적합하지 않은 정보를 제공할 가능성이 있으므로 전문가를 믿고 솔직하게 말해주는 것이 설계 시 도움이 된다는 점 명심하길 바란다.

* 간접비: 땅 구입을 위한 교통비, 관련 서적 구입비, 건축 진행 시 현장 방문 및 협의를 위해 지출되는 교통비 등.

설계편

설계 잘하고 싶어?
이렇게 해봐!

나만의 전원주택을 짓겠다고 결정한 다음 대다수가 가장 먼저 하는 일은 무엇일까? 아마도 인터넷을 통한 정보 수집일 것이다. 다들 아시다시피 인터넷은 우리에게 많은 정보를 제공하는 만큼 출처를 알 수 없는 불확실한 정보도 제공한다.

예비 건축주들은 '인터넷을 통해 많은 정보를 접하지만 무엇이 진실이고 무엇이 거짓인지 모르겠다'고 자주 이야기한다. 정보를 얻기 위해 열심히 검색하지만 정말 원하는 답을 찾기는 어렵기 때문이다. 그러므로 우리는 정보를 검색하기에 앞서 '어떠한 생각을 먼저 가져야 하는가', '설계를 위한 실질적인 준비와 관련한 정보들을 어떻게 정리해나가야 하는가'를 가장 먼저 정립해두어야 한다.

01. 내 집의 용도부터 정하자
-

건축주들이 상담 중에 여러 이야기를 풀어 놓지만 가장 중요한 첫 번째가 빠져 있는 경우가 의외로 많다. 바로 집의 용도이다. '마당이 있고 넓은 평수에 2층짜리 모던풍의 집을 짓고 싶어요'처럼 공간에 대한 부분과 콘셉트에 대한 것도 중요하다. 하지만 내가 생활해야 하는 집의 주된 용도를 먼저 생각해놓지 않는다면 과하게 설계를 하거나 불필요한 공간이 만들어질 수도 있다.

내 집의 용도는 크게 두 가지로 나뉜다.

첫째, 1차 주거용도이다.

상시 거주의 목적으로 실배치 및 공간 구성 시 현재 내가 거주하고 있는 곳처럼 모든 편의시설에 대한 부분을 설계에 반영하게 된다. 예를 들어 어머님의 주 생활 공간인 주방의 경우 거실과 1:1 비율이거나 더 크게 배치하여 환하면서 쾌적한 공간으로 설계할 수 있다. 최근의 설계 트렌드는 각 방의 크기는 좁게 가되 거실과 주방의 크기는 넓게 가는 추세다. 또한 다용도실 등 어머님을 위한 공간들이 늘어가고 있어 1차 주거용도를 계획 중에 있다면 이런 요소들을 설계에 제대로 반영시켜 진행해야 할 것이다.

둘째, 2차 주거용도이다.

상시 주거가 아니라 주말 주택, 별장 등 휴식을 위한 공간으로서의 목적을 갖는
다. 1차 주거용도와는 반대로 전체적인 평수는 작되 휴식을 위한 공간은 넓으며 주
방은 최소한으로 배치하는 경우가 많다.

이렇듯 용도에 따라 설계 방향 자체가 달라지기 때문에 설계를 진행하기 전에
반드시 내 집의 주목적을 정해 놓아야 한다.

02. 가족 구성원의 라이프스타일에 맞는 공간을 생각하자

-

나만의 전원주택을 짓는데 굳이 획일화된 아파트형 평면을 생각할 필요는 없다.
아파트의 경우 한정된 대지 내에서 공간을 효율적으로 활용하기 위해 개발됐기 때
문에 데드스페이스(dead space)는 없지만 좁고 답답하며 환기가 안 된다는 단점
을 갖는다.

실(室)을 구성할 때 우선적으로 정해둬야 하는 것이 있다.

첫째, 각 실의 크기이다.

침실, 욕실, 거실, 주방, 다용도실, 거실 등 중심이 되는 공간의 크기를 정하는 것
이다. 이렇게 주공간의 크기가 먼저 정해지면 원하는 평수는 보다 쉽게 결정되며
나중에 설계 변경을 하게 되는 일도 줄어든다.

둘째, 라이프스타일을 반영해야 한다.

한 가족일지라도 공간을 사용하는 구성원의 성향은 각각 다르기 마련이다. 침
실과 안방을 분리시킬지 하나의 큰 방으로 합칠 것인지, 화장실은 몇 개로 할 것인
지, 품질은 어느 수준으로 할 것인지, 직업이나 취미에 따른 공간 구성은 어떻게 할
것인지, 각 방의 위치를 가깝게 할지 멀리 할지 등 가족 구성원의 라이프스타일을
고려해 설계를 진행해야 한다.

03. 클래식? 모던? 분위기를 정해라

-

용도 및 공간에 대한 생각이 정리됐다면 집의 외관 디자인을 정해야 한다. 주택은 크게 클래식, 모던, 세미 모던으로 구분된다. 물론 여러 가지 하이브리드 디자인이 나오고는 있지만 이는 특별한 경우이기 때문에 큰 틀에 넣지 않기로 한다.

클래식은 전형적인 북유럽 주택 디자인으로 박공형 지붕에 스페니시(Spanish) 기와를 올려 주황빛이 은은하게 느껴지는 고풍스러운 건물을 뜻한다.

모던은 박스형 건물 디자인으로 전창이 대표적이며 목조보다는 철근콘크리트 주택에 많이 나타났다. 최근에는 목조 기술 향상으로 모던형 목조주택도 많이 짓고 있는 추세다.

세미 모던은 클래식과 모던을 반반 섞은 건물 디자인이다. 각 부위별 특징만 골랐기 때문에 기와를 올리지만 외쪽지붕을 통해 정면부에 박스형 입면을 만들어낸 최근 주택들의 경우가 이에 해당한다.

아직까지 내 집의 콘셉트를 결정하지 못했다면 다음 질문들에 답해보자.

첫째, 주택의 모양은 클래식한 것이 좋은가? 아니면 모던한 것이 좋은가?

둘째, '내가 지을 집이 이런 집과 비슷하면 좋겠다'고 봐둔 모델이 있는가?

셋째, 집 전체의 구성이 개성적이었으면 하는가? 보편적이었으면 하는가?

이 세 가지 질문에 답한 후 설계 협의를 진행한다면 내가 원하는 집에 보다 가까이 다가갈 수 있을 것이다.

04. 목조? 철근콘크리트? 무엇으로 지을지 고민해라

-

공간과 디자인을 정한 다음에는 어떠한 공법으로 지을지 결정해야 한다. 목조, 철근콘크리트, 스틸, ALC가 대표적인 공법으로 꼽힌다.

첫째, 목조는 친환경성과 단열을 중요시하는 분들에게 적합하다. 타 공법에 비해 공기가 짧고 가격도 저렴해 최근에 가장 많이 짓는 주택 중 하나다.

둘째, 철근콘크리트(RC)는 단열보다 디자인에 중점을 두는 분들에게 맞는 공법이다. 5년 전까지만 해도 목조보다는 RC조의 주택이 많이 지어졌지만 RC에 대한 유해성, 특히 아이들의 피부에 매우 좋지 않다는 연구결과들이 나온 바 있다.

셋째, 스틸하우스는 RC의 단점을 보완하기 위해 고안된 공법이다. 공기가 짧고 가격이 저렴하다는 장점이 있어 5년 전에 많이 시공됐지만 최근 이러한 장점들을 목조가 대체하였다. 또한 철 값 상승으로 비용이 올라 특이한 경우가 아니라면 스틸로 집을 짓는 경우는 드물게 되었다.

마지막, ALC는 유럽에서 파생되어 엄청난 열풍을 불러일으켰다. 단열블록을 쌓아 만드는 공법으로 가장 우수한 단열 성능을 가지고 있다. 하지만 비용이 타 공법에 비해 비싸다는 점과 우리나라 기후에 맞지 않다는 큰 문제점이 발견되어 최근에 거의 사용되지 않는 공법 중 하나다. 일정한 습도를 유지하는 유럽의 경우 문제가 발생되지 않지만 우리나라 여름처럼 습도가 높은 경우 곰팡이가 발생되는 하자가 발견되어 현재 브랜드 업체들은 시공을 꺼리는 상태다. 각 공법에 맞는 장·단점을 분석해 내 집에 꼭 맞는 공법을 선택해야 한다.

05. 내 소중한 차는 어디로?

-

땅이 넓어 주차공간이 충분하다면 걱정 없겠으나 도심 지역은 주차 문제를 생각하지 않을 수가 없다.

필로티(pilotis)를 띄워 1층을 주차장으로 만들지, 마당 일부분에 주차장을 만들지 생각해두어야 한다. 전자의 경우 공간 활용성은 높지만 필로티를 띄우기 위한 시공비가 만만치 않다는 단점이 있다. 후자의 경우 시공비는 거의 들어가지 않지만 마당 공간이 줄어든다는 단점이 있다. 그러므로 건축 배치 시 건축사와의 협의를 통해 공간 활용을 최대화할 수 있는 방법으로 진행하는 것이 좋다.

06. '3.3m^2는 얼마인가요?'라고 묻는 분들에게

-

3.3m^2 단가는 큰 의미가 없다. 건축주가 원하는 집이 어떻게 지어질지 예상할 수 없기 때문이다. 외장재, 지붕재, 창호는 무엇으로 할지, 인테리어는 어떻게 할지 등 선택해야 하는 사항이 아주 많다. 큰 틀로 보면 외장재(지붕재, 벽, 마감재), 내장재(바닥재, 벽, 마감재), 창호 자재, 수전금구, 조명, 가구 등이 대표적이며 설계 협의를 통해 이런 부분들이 정해져야 정확한 비용을 책정할 수 있다.

07. 스마트기술 OK! 첨단기술을 접목시켜 보자

-

최근 스마트한 기술들이 많이 개발되면서 우리 주거문화에도 많은 영향을 끼쳤다. 홈네트워크 시스템이 대표적이며 집에 사람이 없어도 보일러가 돌아가고 가스가 자동으로 꺼지는 등 휴대폰만으로도 모든 조명 및 전기기기들을 컨트롤할 수 있는 수준까지 발전했다. 외진 지역의 집에는 방범에 대한 대비책으로 첨단 보안시스템 및 CCTV 등이 설치되며 최적의 환경으로 집을 컨트롤해주는 홈오토메이션 등을 예로 들 수 있다. 최근에는 휴대폰과 연결된 CCTV까지 개발되었고 집 안을 60도 돌려볼 수 있는 기능까지 더해져 맞벌이 부부들에게 각광받고 있다니 고려해 볼 만하다. 단순한 거주의 목적을 넘어 좀 더 쾌적한 환경을 만들어주는 스마트 기술로 내가 원하는 집에 가까워질 수 있을 것이다.

08. 내 집은 독특했으면 좋겠다

-

나만의 공간, 우리 가족을 위한 공간 등 다른 집에서는 볼 수 없는 독특한 공간을 구성하는 비율이 점점 늘어나고 있다. 외진 지역에 위치한 집의 경우 찜질방이나 노래방 및 헬스장을 설치하는 비율이 증가했다. 그 외에 연구실, 응접실, 바, 벽난로, 데크 공간, 바비큐 시설, 연못, 정자 등 내 집만의 독창적인 공간들도 고려해 보길 추천한다.

09. 완공 후 절대 놓쳐서는 안 될 설비 인입

-

집만 다 지어졌다고 해서 끝난 것은 아니다. 집이 지어지고 난 다음 실질적으로 집의 기능을 하기 위해 설치하는 설비 인입도 굉장히 중요한 부분이다. 상수도, 자가 지하수, 마을 공동우물, 고가수조 방식, 가압펌프 방식, 적재적소에 배관배선, 소요 인입 전력수, 인터넷 통신, TV, 전화, 종말처리장 관로, 일반 부패 정화조, 합병 정화조 등이 이에 해당한다. 절대 놓치지 말 것!

10. 예산을 책정해 놓자

-

좋은 자재를 사용해 집을 짓는 것도 중요하지만 정해진 예산을 넘어서지 않는 것 또한 중요하다. 이를 예방하기 위해 미리 예산 범위를 정해 놓고 일을 진행하는 것이 좋다. 앞서 설명했던 바와 같이 건축비 외에도 토목공사비, 조경비, 정화조비, 인입비, 가구비 등 처음에 생각했던 비용에서 초과될 수 있으니 전문가와의 상담을 통해 구체적인 예산을 책정해두는 것이 좋다.

내·외장재 편
內·外裝材

좋은 집을 위한 필요충분조건
재료의 법칙

[준비]
난방비가 덜하고 안전하며 분위기 있는 집을 위해서는
재료를 잘 골라야 한다

단열재
외장재
지붕 마감재

내·외장재 편

춥지 않은 집?
단열재를 따져보자

여름에는 시원하고
겨울에는 따뜻한 집을 짓고 싶다면

"우리 집은 여름엔 너무 덥고 겨울엔 너무 추워요."
이럴 땐 단열재를 따져봐야 한다. 국내에서 사용되는 단열재의 경우 여러 가지 종류가 있지만 가장 기본이 되는 단열재를 4가지 정도로 분류할 수 있다. EPS 단열재, 글라스울, 수성연질폼, 셀룰로오스가 대표적인 단열재다. 이 밖에도 여러 특허를 받은 단열재가 있지만 아직까지 성능이 검증될 만큼의 시간이 지나지 않았기 때문에 대부분의 주택에는 이 4가지 대표 단열재 중 하나를 사용한다고 보면 된다.

01. EPS(Expanded Poly-styrol) 단열재
-

　　EPS로 통용되는 단열재로서 '비드'라는 것을 발포시켜 만들기 때문에 비드법 단열재라고도 불린다. 비드를 어떤 크기로 발포시키느냐에 따라 밀도가 나뉘며, 현장에서 절단 등의 가공이 용이하여 공사현장에서 대중적으로 사용되는 단열재이다.

장점	시공방법에 따른 단열성능의 오차가 적다 경량이기 때문에 운반이 용이하다

1 글라스울

2 수성연질폼

3 셀룰로오스

02. 글라스울(Glass Wool)

-

샛기둥을 세운 뒤 그 사이에 단열재를 채우는 방식으로 시공하는 공법이다. 글라스울이라는 이름 그대로 유리를 녹여 섬유 형태로 뽑아낸 자재다. 무기질의 인조광물 섬유단열재며 유연하면서도 부드러운 섬유가 섬세하게 겹쳐져 있다.

장점	단열성. 많은 양의 섬유가 섬세하게 집면되어 있어 공기층을 미세하게 분할해 열의 이동경로를 효과적으로 차단한다 불연성. 불에 타지 않으며 인체에 해로운 유독가스도 발생하지 않는다 흡음성. 균일한 유리섬유가 연속된 미세 공극으로 형성돼 있어 각종 소음을 흡수하는 역할을 한다

03. 수성연질폼(Spray Polyurethane Foam)

-

폴리이소시아네이트(Polyisocyanate+)를 주원료로 한 연질 경량 수성발포의 특징을 가진 합성수지의 수성연질폴리우레탄폼이다.

장점	최소한의 두께로 최상의 단열효과를 낸다 단독 또는 타 재료와 복합화하여 광범위한 적용이 가능하다 친환경적이다

04. 셀룰로오스(Cellulose)

-

신문과 같은 종이를 재활용하여 생산되는 셀룰로오스 단열재는 시공단가가 높아 국내에서는 대중화가 이루어지지 않은 단열재 중 하나다. 섬유 자체의 미세 기공과 섬유가 서로 얽혀 있으며, 그 사이의 공기층이 효과적으로 열을 차단하는 역할을 한다.

국내에서는 조금 생소한 단열재이지만 전 세계적으로 보편화된 단열재이므로 집짓기 전에 한 번 검토해 보길 바란다.

장점	뛰어난 축열성능을 가진다 유리면 등의 자재보다 난방 에너지를 20-30% 절감해준다 상대습도의 변화에 따라 조습작용이 진행된다 결로방지 효과가 뛰어나다

내·외장재 편

예쁜 집?
외장재를 골라보자

오늘은 무슨 옷을 입을까? 나를 표현하는 방법 중 하나는 나만의 개성이 담긴 옷을 스타일링하는 것이다. 집도 마찬가지다. 획일적이고 싶지 않다면 내 집을 유니크하게 만들어줄 외장재를 잘 선택해야 한다. 외장재의 특성에 따라 풍기는 분위기가 달라지기 때문이다. 이번 편에서는 각 외장재의 장·단점과 최신 외장재 트렌드를 살펴보도록 하자.

01. 징크(Zinc)

-

99.9% 최고 순도의 아연에 티타늄, 구리가 합금되어 만들어진 마감재. 부식성이 없어 100년 이상의 수명을 자랑한다. 가공성이 높으며 100% 재활용할 수 있다는 장점이 있어 친환경적 제품으로 각광받고 있다. 다른 외장재와의 조화도 잘 이루어지며 심플하고 모던한 느낌을 내는 데 최적화된 마감재여서 모던 디자인의 주택을 선호하는 젊은 층에게 최근 들어 주목받고 있다.

02. 세라믹 사이딩(Ceramic Siding)

-

세라믹 사이딩 또는 케뮤(Kmew)라는 명칭으로 사용되는 외벽 마감재. 가벼운 모래, 천연펄프, 콘크리트를 혼합하여 독자적인 오토클레이브(autoclave) 제조법에 의해 만들어진다. 표면이 세라믹으로 코팅돼 있어 열화가 거의 없기 때문에 자외선에 의한 변색이 없다. 일본 특유의 정교하고 깨끗한 코팅 공법을 적용해 자연스러운 패턴과 질감을 구현하고 있어 최근 국내에서 가장 많이 주목받고 있는 외벽 마감재라 할 수 있다.

1	2
3	4
5	6

1 징크

2 세라믹 사이딩

3 시멘트 사이딩

4 스타코플렉스

5 ALC패널

6 파벽돌

03. 시멘트 사이딩(Cement Siding)

-

심플하면서도 가성비가 높은 마감재. 미국에서는 대부분 시멘트 사이딩으로 외벽 마감을 진행하며 관리가 손쉬워 큰 어려움 없이 시공 및 유지관리를 할 수 있는 자재이다. 모래, 물, 시멘트, 섬유소의 혼합물로 목재의 질감을 표면에 그대로 나타내며 휘는 등의 변형이 없다는 장점을 가진다. 사계절의 일기 변화가 많은 우리나라 기후에 적합한 높은 내구성으로 충격과 저항력에 강하며, 특히 불연재로서 화재에 강하다. 또한 오염에도 강하고 다채로운 질감과 색상으로 여러 가지 연출이 가능하다는 장점도 가진다. 다만 한국 주택 트렌드에서는 올드한 느낌과 저렴한 마감재라는 인식 때문에 최근 들어서는 사용량이 줄어들고 있다.

04. 스타코플렉스(Stucoflex)

-

고분자 수지의 특성으로 통기성과 항균성을 지니고 있는 마감재. 내화성, 차음성, 단열, 오염 방지 등의 성능이 뛰어날 뿐만 아니라 탄성력 및 신축성이 뛰어나 시공 후 벽 갈라짐과 같은 하자가 거의 발생하지 않는다.

05. ALC패널(Autoclaved Light-weight Concrete Panel)

-

규산질 재료인 생석회, 시멘트 등을 주원료로 물과 AI 분말 기포제를 첨가해 다공질화시킨 것을 양생(180℃) 공정을 거쳐 만든 제품. 단열성, 내화성, 내진성이 탁월하나 자체 강도가 약하고 습기에 약하다는 단점이 있어 초창기에는 친환경성 자재로 각광받았으나 최근에는 곰팡이 등의 하자가 많이 발생되어 인기가 많이 줄어든 편이다.

06. 파벽돌

-

파벽돌은 오래된 벽돌 건축물을 허물 때 생기는 낡은 벽돌을 의미했다. 하지만 지금은 낡은 벽돌과 같은 질감의 인조석의 한 종류로서 석분과 모래, 포틀랜드 시멘트 등 다양한 재료들을 혼합하여 여러 형태와 색상으로 성형 제품화한 것을 뜻한다. 자연스럽고 고풍스러운 멋이 있으며 가볍고 시공 또한 편리하여 건축주들의 높은 지지를 받고 있다. 파벽돌 자체만으로 인테리어 포인트가 되기 때문에 외장재뿐만 아니라 내장재에서도 많이 사용된다.

1 점토벽돌

2 현무암

3 우드 사이딩

4 적삼목

5 CRC 보드

07. 점토벽돌

-

점토, 백토, 황토, 고령토 등의 불순물을 제거하고 일정한 모양으로 성형 후 열을 가해 강도를 높여 만든 자재. 화재에 안전하고 어떠한 기후에도 잘 견딘다. 내구성이 뛰어나고 시공 후 유지비용이 들지 않아 가성비 높은 자재 중 하나라고 할 수 있다.

08. 현무암

-

지하 100m 이상, 1200℃ 정도에서 마그마가 용출되며 만들어진 석재. 각종 미네랄이 풍부하고 원적외선을 방출하여 인체에 유익하다. 항균, 방충 효과의 흡착 탈취력이 강하며, 자연석 특유의 아름다운 장식미를 뽐낼 수 있는 마감재이다.

09. 우드 사이딩(Wood Siding)

-

과거 목구조 건축물의 외장재로 가장 많이 쓰였다. 하지만 목재라는 재질상의 유지관리적 측면에서 한계가 있어 최근 들어 잘 사용하지 않는다. 집에 나무가 주는 편안함, 안락함, 따뜻한 이미지를 부여할 수 있다는 장점이 있다.

10. 적삼목

-

수십 년간 내·외장재로 많이 사용돼 왔으며 최고의 치수 안정성을 자랑한다. 내후성과 내구성이 강하다는 장점이 있지만 목재라는 재질적인 한계성이 있어 유지관리를 지속적으로 해야 한다는 것이 단점이다.

11. CRC 보드

-

천연펄프(Cellulose fiber)와 포틀랜드 시멘트, 규사, 첨가제 등을 물과 혼합해 1만 톤으로 가압한 다음 양생 과정을 거쳐 생산된다. 고강도, 고밀도 제품으로 온도 편차에 따른 길이 변화가 적고 내구성, 내화성, 차음성이 우수한 친환경적 내·외장재다.

이름은 다소 생소하겠지만 주변의 빌라나 상가 건물에 주로 사용되는 마감자재가 바로 CRC 보드다. 넓은 면적도 저렴한 가격에 쉽게 시공 가능하다는 장점이 있지만 흔한 자재다 보니 개성 있는 건물을 원하는 분들은 예전보단 비교적 덜 찾는 자재라고 할 수 있다.

내·외장재 편

우리 집에 어떤 모자를 씌울까?
지붕 마감재를 선택해보자

분위기를 책임지는 지붕 마감재

어떤 모자를 쓰느냐에 따라 사람의 분위기가 확 달라진다. 집도 마찬가지다. 정장에 어울리는 모자, 캐주얼한 옷에 어울리는 모자가 따로 있는 것처럼 특정한 스타일과 분위기에 적합한 모자가 다양하게 존재한다. 집의 지붕재, 즉 우리 집 지붕에는 어떤 모자를 씌우는 게 좋을까?

01. 아스팔트 슁글(Asphalt Shingle)

－

아스팔트 사이에 강한 유리섬유(Fiberglass)나 종이 매트(PaperMat)를 넣어 만든 것으로서 채색된 돌 입자로 표면을 코팅해 색상을 다양하게 연출한 지붕 마감재. 기와에 비해 무게가 1/5밖에 되지 않아 하중으로 인한 구조재의 부담을 줄여주고 시공이 간편하다는 장점을 지닌다.

슁글(Shingle)이란?
'너와'라는 뜻으로 옛사람들은 나무판이나 얇은 돌을 겹겹이 쌓아 지붕을 올렸다. 이 방식이 현재까지 이어져 슁글이라 불리게 되었다. 목재나 돌과 같은 예전 재료와의 구분을 위해 재료명을 붙여 '아스팔트 슁글'이란 용어로 통용되고 있다.

02. 오지(점토) 기와

－

모래나 유기물, 알칼리 성분을 제거한 점토 원토를 분쇄기에 갈아 미세한 분말로 만든 뒤 용해하여 만든 지붕 마감재. 기와는 암실 속에서 일정 기간 숙성시킨 다음, 숙성된 점토를 다시 혼합하여 '성형→마무리→건조→소성→냉각' 등의 절차를 통해 탄생된다. 오지(점토) 기와는 무겁고 내구성이 떨어져 충격에 쉽게 파손된다는 결점이 있어 한때 수요가 감소하기도 했다. 하지만 최근 들어 미관상뿐만 아니라 내수성, 내화성, 단열성, 내구성 등이 재평가되고 고강도와 경량화 등의 연구도 활발해짐에 따라 사용이 증대되고 있다.

1	2
3	4
5	

1 아스팔트 슁글

2 오지(점토) 기와

3 시멘트 기와

4 금속 기와

5 징크

03. 시멘트 기와

-

시멘트와 경질 세골재를 섞어 만든 '모르타르'를 원료로 하는 지붕 마감재. 제조 시 표면을 매끈하게 만들기 위해 틀에 채운 다음 시멘트를 뿌린 뒤 양생한다. 최근 에는 시멘트 양이 많은 모르타르를 고압 프레스로 성형하고 물 속, 공기 속에서 양 생해 표면에 무늬를 만들어내기도 한다. 오래된 철거 건물의 기와에는 석면이 포함 돼 있는 경우도 있으나 오늘날 사용되는 것은 수동 가압성형 대신 $50kg/cm^2$ 이상의 수압기 또는 유압기로 가압한 판형 시멘트 기와이므로 안심하고 사용해도 된다.

04. 금속 기와

-

갈바륨 강판과 알루미늄, 아연합금, 도금 강판으로 이루어진 지붕 마감재. 알루 미늄이 갖는 장기 내식성과 내열성, 아연이 지닌 Galvaic Behavior 효과를 결합시 켰다. Galvaic Behavior 효과란 흠이 생기거나 구멍이 나서 노출된 부분으로 아연 (Zinc) 분자가 스스로 움직여 메워주는 것을 말한다. 금속 기와는 일반 기와의 1/6 정도밖에 되지 않는 가벼운 무게를 자랑하며 운반이 용이하고 온도 변화에 따른 내구성 등이 우수하다는 장점을 가진다.

05. 징크

-

징크는 아연(Zn)을 뜻한다. 얇은 판상재의 형태로 지붕과 외벽 등 건축 외장에 쓰인다. 얇고 넓적하게 가공된 Rolled Zinc가 개발된 1811년 이후부터 본격적으로 사용되기 시작했다. 특히 1852년 프랑스 도시계획에 따라 파리가 재정비될 때 모 든 지붕에 징크를 사용하도록 법을 규정함으로써 대대적으로 보급되기 시작했다. 1960년 티타늄이 합금된 징크가 개발되고 1976년 최초로 생산 공정에서 인공 산 화층을 형성해 유통하는 프리 웨더링(Pre-Weathering) 제품이 등장하면서 오늘 날의 징크 시장이 형성되었다고 할 수 있다.

시공 편

時空

진심을 담아

전원주택을 짓다

[준비]
내 생애 최고의 집을 짓기 위해 각 공법의 장·단점을
꼼꼼하게 검토해야 한다

목조주택
철근콘크리트주택
스틸하우스
패시브하우스

시공 편

목조주택은 어때?

국내에서 가장 많이 쓰는 공법

나무로 집을 짓다가 무너진다는 루머가 있을 정도로 많은 이들이 목조주택에 대해 선입견을 가지고 있다. 목조주택은 나무를 기반으로 하지만 약하지 않다. 지진에 있어서는 오히려 철근콘크리트 공법보다 우수하다. 적은 예산으로 집을 짓고자 하는 분, 나무 본질이 가진 친환경성이라는 가치를 추구하는 분, 아늑한 공간을 선호하는 분, 단열적인 부분을 중요시하는 분이라면 적극 추천한다.

01. 목조주택(Wood Frame House)이 유행이라던데?

-

목조주택이란 건물의 벽체, 마룻바닥, 지붕 등의 주된 뼈대를 나무로 만들어 지은 주거형태의 건물을 말한다.

일반적으로 통나무 구조, 기둥보 구조, 경량목 구조로 나뉘며 각각 완전히 다른 공법이라고 할 수 있다. 현재 전원주택의 시공은 대부분 경량목 구조라고 보면 된다.

미국에서는 전체 건축물의 90% 이상이 경량목 구조이다. 가성비 높은 주택으로서 주변 환경과 어울리는 주택을 경제적으로 짓고자 하는 시대적 요구에 적합했기 때문이다.

미국에서 150년 이상의 역사를 지닌 경량목 구조는 흔히 2×4 구조(투바이포 구조)라고도 하며, 원시적 시공방식인 통나무 구조에서 중목 구조 및 기둥보 구조, 발룬 구조, 플랫폼 구조로 변화되면서 최근에는 기둥보 구조 및 플랫폼 구조가 접목된 구조방식 또는 공장제 조립방식이 이용되고 있다.

현재 국내에서는 대체적으로 2×6 구조가 사용되며, 지붕보의 경우 2×10 구조 정도까지 사용되고 있으므로 이를 바탕으로 구조 기준을 잡고 진행하면 이해가 편할 것이다.

02. 목조주택 구조 2가지

-

발룬 구조(Balloon Framing)

미국식 2×4 공법은 1830년경 시카고 주의 엔지니어이자 목재상이었던 스노우란 사람에 의해 처음 고안되었다. 당시 스노우는 기존의 기둥보 방식(Heavy Timber Construction / Post&Beam)으로부터 칸막이 벽체에 사용된 비내력 부분의 각재들이 상부에서 전달되는 하중을 지탱할 수 있음을 깨닫고, 각재를 사용한 프레임으로 기둥의 역할을 대신하는 공법을 개발하게 되었다.

작은 단면의 각재들만 사용하여 그 간격을 좁혀 벽체는 샛기둥(Stud), 바닥은 장선(Joist), 지붕은 서까래(Rafter)로 구성하는 공법이었다. 이런 구조와 부재는 표준화된 못으로 쉽고 빠르게 조립할 수 있어 목수들이 다루기 용이했다. 이 신속한 공법은 건물을 가볍게 구성해 풍선처럼 날아갈 듯한 인상을 주어 발룬 구조라 불리게 되었다.

발룬 구조는 기초에서 지붕에 이르기까지 외벽의 샛기둥이 두 개 층의 길이로 된 단일 부재를 사용한다. 2층 바닥은 샛기둥의 중간에 끼워 시공하고, 지붕의 서까래와 천장틀은 샛기둥 상부의 2겹 깔도리 위에 지지된다. 이러한 구조는 외벽을 스터코(Stucco) 등의 습식공법 자재로 마감할 경우 샛기둥 부재의 단일성으로 인해 벽에 금이 가지 않도록 하는 최적의 방법이다. 그러나 벽체와 바닥 장선의 결합방식이 화염 진행을 적절하게 차단하지 못해 화재 시 2개 층에 달하는 샛기둥 간의 중공이 연도(煙道)의 역할을 하게 된다는 단점, 샛기둥의 길이가 길어다루기가 힘들다는 단점이 있다.

플랫폼 구조(Platform Framing)

화재에 약하고 작업이 까다로운 발룬 구조의 단점을 보완한 새로운 방식이 플랫폼 구조이다. 현재의 미국식 목조주택이 플랫폼 구조를 따르고 있다. 벽체가 평탄한 바닥구조 위에 놓이는데 발룬 구조와의 차이점은 연속 벽체 혹은 하부의 벽체 상부에 벽체 구조가 놓이게 된다는 것이다.

플랫폼 구조는 벽체 프레임의 강성을 높일 수 있는 구조인데다가 플랫폼으로 구성된 바닥구조는 하층부와 상층부의 벽체 구조 사이에서 방화막 역할을 한다는 점, 구조 부재의 길이라짧고 가벼워 작업이 용이하다는 장점이 있다.

1	**1** 2×6 SPF 골조목을 40*cm* 간격으로 세워 벽을 구성한다

1 2×6 SPF 골조목을 40*cm* 간격으로 세워 벽을 구성한다

2 지붕의 슬라브는 더 강화된 2×10 또는 2×12를 사용하고 구조를
보강한다. 또한 연결철물을 사용해 내진에 강한 구조로 만든다

시공편

철근콘크리트주택은 어때?

단순하고 웅장한 분위기 연출에 좋은 공법

철근콘크리트 공법은 우리나라에서 가장 많이 쓰이는 공법 중 하나다. 아파트, 상가건물들이 이에 해당하며 현시대에 가장 안전하다고 평가받는 공법이다. 많은 장점을 가지고 있지만 그에 따른 단점도 가진다. 우리 집, 철근콘크리트 공법으로 지어도 될까?

01. 철근콘크리트(RC)주택, 이래서 좋다?
-

철근콘크리트주택 사례(경기도 화성)

가장 보편화된 공법이며 구조 강성이 우수하다
물성 자체가 단단하여 구조적인 안정감을 준다. 구조 전체의 일체화로 구조적 성능이 우수하며 풍압과 지진에도 강한 면모를 보인다. 그러나 어느 공법이든 마찬가지로 잘못된 시공 관리로 균열이 발생하거나 붕괴되는 경우들이 있다. 따라서 아무리 훌륭한 공법을 채택하더라도 정확한 시공 방법을 따르는 것이 가장 중요하다.

내구성, 내화성, 차음 성능이 우수하다

다른 공법의 소재에 비해 내구성이 좋다. 노출된 콘크리트는 산성비에 부식되는 경향이 있으나 대부분 내·외장재로 매입되므로 비바람 등에 잘 견디고 오래간다. 또한 내화성이 좋고 면밀도가 높아 차음성이 우수한 편이다. 그러나 구조재의 한계로 충격음이 쉽게 발생돼 층간 소음이 발생한다는 문제가 있다.

재료의 구입 및 시공업체 선정이 쉽다

가장 보편적인 공법이기 때문에 시중에서 재료 구입이 쉽고 시공업체가 많아 가까이에서 시공사를 선정하기 좋다. 그러나 경쟁이 치열하다 보니 가격 경쟁력을 위한 견적을 내는 경우가 많으므로 비용을 더 지불하더라도 품질관리를 제대로 수행하는 업체를 선정하는 것이 중요하다.

02. 철근콘크리트주택, 이래서 싫다?

–

복잡한 디자인의 주택은 시공하기 어렵고 비용이 많이 든다

요즘 많이 요구되는 서구식 디자인의 주택을 소화하기에는 거푸집 조립과 철근 배근이 까다롭고, 경사가 심한 지붕의 형상을 만드는 데 재료비와 목수 인건비가 많이 들어 오히려 비경제적이다. 형태가 비교적 단순하고 웅장한 이미지를 표현할 경우에는 적합하나 시멘트 독이 장기간 발생한다는 이유로 친환경, 웰빙 중심의 전원주택 분야에서 많이 사용되지는 않는 편이다.

습식 구조로 일체화돼 난방비가 많이 든다

소재의 단열성이 떨어지고 습식 일체형 구조로 목조와 같은 건식 구조체보다 난방 부하가 커 난방비가 많이 든다. 단열성이 떨어지는 부분이 발생하기 쉬워 부분 결로가 발생할 수 있다. 또한 일정량의 수분을 포함하는 구조로 매우 차가운 소재이기도 하며 여름철에는 태양 복사열을 발산하는 축열 기능도 하므로 냉난방 부하가 크다.

장마철에는 쾌적한 실내 환경을 만들기 어렵다

목구조에 비해 습도 조절 능력이 떨어지므로 여름철 장마기에는 실내가 눅눅하고 통풍이 안되는 부분에 곰팡이가 피기 쉽다. 지하 구조물에는 '드라이 에어리어(Dry Area)'나 '선큰가든(Sunken Garden)' 등을 추가로 시공해 쾌적한 실내 환경을 조성해 주어야 한다.

주택 개조 또는 멸실 시 분쇄 및 폐기물 처리가 어렵고 비용이 많이 든다

다른 공법의 자재에 비해 강도가 커 분쇄가 어렵고 재활용되거나 소각 처리가 되지 않아 폐기물량이 많고 위탁 처리 시 비용이 많이 든다. 또한 소음과 비산 먼지로 인한 민원이 발생하는 등 다른 공법보다 환경 면에서 불리하다.

양생기간으로 인한 시공기간이 길다

기본적으로 물을 사용하는 공법이다 보니 바닥 및 벽을 양생한 후 말리는 시간이 길다. 다시 말해 인건비 및 장비비가 지속적으로 들어감을 뜻하므로 타 공법보다 공사비가 높다.

두꺼운 벽체로 인해 내부 공간이 좁아진다

벽체가 차지하는 비중이 높다. 건축선의 경우 벽체의 중심선을 기준으로 진행되기 때문에 벽체가 두꺼워질수록 실내 면적이 줄어든다고 생각하면 된다.

겨울 공사는 힘들다

앞서 말했듯이 철근콘크리트 공법은 물을 사용하므로 겨울철 기온이 낮아지면 물이 얼게 되고, 물을 필요로 하는 양생 부분에서 균열이 발생하게 된다. 6–7개월이 소요되는 공사기간에 따라 가급적이면 겨울철을 피할 수 있도록 계획하여 진행하는 것이 좋다.

03. 시공 시 주의사항

-

철근 공사 시

철근콘크리트 공법은 철근과 콘크리트가 일체화된 복합 구조체이다. 철근의 인장 강도, 콘크리트의 압축 강도라는 두 자재의 장점을 결합해 더 높은 힘을 발휘하는 구조인 것이다.

철근이 구조 내력상 유효하게 작용하기 위해서는 치수와 위치가 정확해야 하므로 배근의 정확한 시공 여부는 매우 중요하다. 그러나 철근 공사의 경우 전문가가 아닌 이상 잘못된 부분을 구분해내기 어려우므로 기본적으로 국산 이형철근을 잘 사용했는지 여부를 확인해볼 것을 추천한다. 간혹 단가를 낮추기 위해 저가 중국산을 사용하거나 철근을 듬성듬성 설치하는 곳들이 있으니 이런 부분들을 잘 체크해야 한다. 철근 배근과 같은 부분은 실시설계도면을 참고하는 것이 좋으나 이것이 어렵다고 생각되면 최소한 도면에 표시된 철근 개수와 시공된 철근 개수가 일치하는지 정도는 확인해봐야 할 것이다.

최근 브랜드 업체들은 시공현장 상황을 홈페이지에 노출시키며 철근의 원산지와 바코드 등을 사진 찍어 올려놓으므로 쉽게 확인이 가능하다. 만약 개인업자들에게 시공하는 경우라면 자재가 들어올 때 한 번쯤 직접 나가서 확인해보는 것이 좋다.

거푸집(형틀) 공사 시

거푸집(형틀)은 콘크리트를 부어 넣어 콘크리트 구조체를 형성하는 '거푸집'과 이것을 정확한

1 철근배근 공사 중. 이중배근으로 벽체와 슬래브 모두 연결하여 시
공한다

2 거푸집 설치 중. 벽체에 시멘트를 타설하기 전 거푸집을 설치하여
철근과 시멘트가 정확한 위치에 시공될 수 있게 한다

3 철근콘크리트주택 외벽 마감 공사 중이다

위치에 유지시키는 '동바리'로 이루어진다. 콘크리트를 일정한 형태로 유지시키며 양생과정에서 수분의 누출을 방지하고 외기의 영향을 방지하는 역할을 한다.

거푸집은 구조 단면의 치수가 확보되도록 정확히 시공하고, 콘크리트 타설 시 터짐이나 비틀림 등이 발생하지 않도록 적절한 간격의 동바리 설치, 긴결재, 격리재 등을 활용하여 보강해줘야 한다. 또한 스페이스 등의 부속물을 이용해 콘크리트의 내화 피복을 확보해준다.

거푸집의 존치 기간은 건축공사 표준 시방을 따르되 주요 보의 경우 후속 작업상의 충격하중을 고려해 존치 기간에 여유를 둔다. 철근 배근이 완료되면 구조체에 매입되는 각종 설비 배관의 정확한 수량과 위치 확보, 고정 상태를 점검한 후 나머지 면의 거푸집을 조립해 착오로 인한 구조부의 훼손을 최소화해야 한다.

거푸집 공사의 경우 기초 마감면을 통해 잘했는지 못했는지 바로 판단할 수 있다. 테두리의 마감면이 갈라지지 않고 매끈하며, 떨어져 나간 부분이 없다면 대체적으로 거푸집 공사가 잘된 것이다.

콘크리트 공사 시

콘크리트 공사는 철근콘크리트 구조에 있어 가장 중요한 공사이다. 철근 공사, 거푸집 공사와 합하면 전체 공사비 중 가장 많은 비중을 차지하는 공정으로, 철근 공사와 함께 철근콘크리트 구조의 품질관리에 큰 영향을 미치기 때문이다.

철근콘크리트주택의 시공기간은 약 5~6개월이다. 이 중 골조 공사만 3개월 넘게 걸린다. 즉, 가장 많은 시간을 들이는 부분인 것이다.

콘크리트 공사에서 가장 중요한 부분은 콘크리트 강도를 잘 발현할 수 있게 만드는 '양생'에 있다. 옛날에는 현장에서 직접 비벼 진행했었지만 최근에는 시멘트 회사에서 각 기후조건 및 월별 온도를 파악하여 알아서 비벼주고 부어주기 때문에 따로 체크하지 않아도 큰 문제는 없다.

콘크리트 타설 전에는 거푸집의 고정 상태, 철근의 배근 상태 및 상단 슬래브, 각종 매입 설비의 수량과 위치, 고정 상태 점검, 기타 오물을 제거하고 콘크리트의 유동성과 거푸집 제거에 유리하도록 물을 뿌려야 한다. 단, 겨울 시공 시에는 동결 위험을 예방하기 위해 물을 뿌려서는 안 된다.

스타 건축가 3인방의
TALK & TALK

2말3초, 8중9초를 아십니까

집을 지을 수 있는 시기는 정해져 있다. 우리나라는 2번의 공사 착공시기가 있으며 2월 말에서 3월 초, 8월 중순에서 9월 초라 할 수 있다. 이 시기에 착공을 진행해야만 장마철과 겨울을 피해 안전하게 집을 지을 수 있다. 해당 시기는 공사를 시작하는 시기를 의미하므로 이 날 착공을 하기 위해선 최소 보름 전에 설계적인 문제와 인허가 문제를 모두 해결해 놓는 것이 좋다. 전체 기간은 설계 2.5개월, 시공 목조 3.5개월, 철근콘크리트 5.5개월로 잡고 진행해야 한다.

시공 편

스틸하우스는 어때?

지진에 강한 공법

스틸하우스는 목조주택이나 철근콘크리트주택을 대체하는 새로운 건축공법이다. 두께 1*mm* 내외의 아연도금강판을 가공해 강도를 높인 스틸 프레임을 조립해 패널 형태로 시공한다. 건식 공법인데다가 빠르다는 장점 덕분에 목조주택 공법이 안정되기 전까지 많이 보급됐었으며 철근콘크리트 공법보다 저렴해 예비 건축주들의 많은 사랑을 받고 있다.

01. 스틸하우스 구조 3가지
-

스터드(STUD)형 스틸하우스 공법
미국의 전통적인 목조주택 공법에서 유래된 것으로 단지 사용되는 소재만 다를 뿐 경량 목구조 형식과 거의 같다. 각종 스터드, 장선, 서까래 등의 경량 구조재를 공장에서 생산·가공하여 현장에 입고한 다음 현장 조립 및 특정 부재를 절단·가공·제작하여 벽체와 지붕 골격을 제작·조립·시공하는 방식이다.

Panelising 스틸하우스 공법
스터드형보다 발전된 방법으로 주택의 골조 제작설계를 통해 벽체, 트러스 등 공장에서 생산된 단위 패널을 현장에서 조립하는 공법이다. 단열재 충진, 매입, 전기 배관, 합판과 같은 마감 바탕용 판재가 사전 시공되어 있어 현장 공정을 단축시키고 시공자의 시공능력에 크게 영향 받지 않고 균일한 품질을 기대할 수 있다.

기둥-보(Post&Beam)형 철골구조 공법
가장 널리 알려진 철골구조 공법으로 대형 건축물에 적용되는 H-Beam과 같은 대형 강재를 주택에 적용하는 방법이다. 목조주택의 기둥-보 방식과 유사하나 경량 형강 방식의 스틸하우스가 보급된 현재 주택에는 거의 사용되지 않는다. 다만 갤러리스타일의 주택과 같은 넓은 스팬, 높은 천정고의 확보가 필요할 경우에 부분적으로 적용하기도 한다.

02. 스틸하우스, 이래서 좋다?

—

지진에 강하다

건축물의 하중 부담을 줄이는 것과 동시에 강성이 높고 유연해 진동에 대한 저항력이 우수하다.

내구성이 우수하다

물성이 좋은 냉연강판에 아연도금을 하여 사용하므로 부식에 강하고 외기에 노출되지 않아 뛰어난 내구성을 자랑한다.

내화성도 우수하다

구조재 자체가 불연성이고 열에 강한 석고보드를 사용하기 때문에 화염을 차단하는 능력이 탁월하며 화재발생 시 유독가스 발생 및 화재 확산도가 타 공법보다 낮다.

03. 스틸하우스, 이래서 싫다?

—

열전도율이 높아 결로 방지를 위한 단열 보강이 필요하다

단열 성능이 떨어지는 외장재를 적용할 경우 결로 방지를 위해 외장 마감재 시공 전 외벽면 바탕에 단열 보강공사를 해야 한다.

가구식 구조로 변형에 대비해야 한다

가구식 구조는 풍압, 지진 등의 수평력으로 약간의 변형이 발생하는데 실내외 마감재의 균열 발생 우려가 있으므로 접합부의 강성 확보 및 보강, 단위부재의 적정성 결정이 매우 중요하다.

목조주택에 비해 가공성이 떨어진다

철근콘크리트보다 가공성이 우수하여 변화 있는 디자인을 소화하기 용이하지만 목재의 가공성보다는 떨어져 복잡한 평면과 입면, 지붕의 형태를 구축하기는 어렵다.

스타 건축가 3인방의
TALK & TALK

목조주택 VS 스틸하우스

국내 주택 인허가 건을 살펴보면 예전과 달리 스틸하우스로 짓는 분들이 줄어듦을 발견할 수 있다. 스틸하우스의 장점인 우수한 가공성 및 내구성을 목조주택이 흡수하면서 점점 시장성을 빼앗기고 있는 형국인 것이다. 실제로 비용적인 면과 가공성 면에서도 목조주택이 시장성을 앞서가고 있어 최근에는 스틸하우스를 찾는 분들이 많이 줄었다. 스틸하우스의 장·단점을 확실히 체크하여 본인에게 잘 맞는 공법을 선택하길 바란다.

시공편
패시브하우스는 어때?

한겨울에 보일러 없이 따뜻하게 지내는 법

국내 겨울기온 평균은 영하 10℃로 난방하지 않고 버티기 힘든 추위다. 독일의 경우 우리나라보다 더 혹독한 겨울을 나지만 그들에게는 패시브하우스가 있다. 패시브하우스는 두꺼운 단열 및 에너지 낭비 최소화를 기본으로 한다. 추위를 많이 타거나 난방비가 걱정돼 집짓기를 꺼려하는 분들은 지금부터 이야기하는 패시브하우스를 눈여겨볼 것!

01. 패시브하우스(Passive house)
-

30℃를 웃도는 무더운 날씨에도 내부는 24℃ 내외로 비교적 선선한 집이 있다. 그뿐인가. 기온이 영하에 달하는 추운 겨울에도 실내가 따뜻한 집이 있다.

여름에는 외부 블라인드를 통해 일사열의 80%를 차단하고 3중 시스템창으로 후덥지근한 외부 공기가 유입되지 않는다. 벽 안쪽에는 30㎝ 내외 두께의 단열재를 넣어 한여름 태양열이 집을 뜨겁게 데우는 일을 방지한다.

겨울에는 보일러를 틀지 않아도 실내 온도가 20℃ 이하로 떨어지는 법이 없어 일반 주택보다 약 3배 이상의 냉난방 효과가 있다. 이처럼 에너지 사용을 '제로'로 만드는 집을 가리켜 패시브하우스라 부른다.

전기, 석유, 가스 같은 에너지를 외부에서 끌어다 사용하는 액티브 하우스(Active house)의 반대 개념으로서 첨단 단열공법을 이용해 에너지 낭비를 최소화한 건물이다. 옥상에 번쩍이는 패널을 설치한 태양열 집이나 생태주의에 의거한 친환경 주택이 떠오르겠지만 패시브하우스는 집 안의 '에너지' 절감에 집중하는 주택이다. 냉방기구와 난방장치 없이도 여름과 겨울을 쾌적한 상태로 지낼 수 있는 집이라 말할 수 있다.

02. 패시브하우스의 기준
-

독일패시브하우스협회(PHI)에서는 '단위면적당 난방 에너지 소비가 1.5l, 1차 에너지 소비가 120l 이하인 건축물'을 패시브하우스로 정의한다. 여기서 리터(l)

란 실내온도 20℃를 유지하기 위한 난방 등유의 양으로서 1년 동안 $1m^2$의 면적을 1.5*l*로 날 수 있는 집이면 패시브하우스라 부른다. 여기서 기준량을 1.5*l*로 정한 이유는, 단위면적당 난방비가 그 이하로 떨어져야 실질적으로 난방기나 에어컨이 필요 없기 때문이다. 일반 주택이 $1m^2$당 연중 17*l*의 난방 등유가 필요하니 1/10 수준에 불과한 셈이다.

03. 패시브하우스의 현재
-

전 세계에서 패시브하우스 확산을 위해 가장 많은 노력을 기울이는 국가는 오스트리아와 독일 같은 중부 유럽 국가이다. 이들 국가에서 패시브하우스는 빠른 속도로 퍼져나가고 있다. 패시브하우스 콘셉트는 거의 모든 용도의 건축물에 적용되고 있다. 주거용 단독주택뿐만 아니라 연립주택, 공동주택, 그리고 상업용 건물과 공장 건물까지도 패시브하우스 콘셉트에 따라 지어지는 추세다.

반면 국내 패시브하우스의 건축은 아직 걸음마 단계에 불과하다. 단열 기준은 독일의 1984년 기준에 머물러 있다가 최근 강화되었으며, 유럽에서는 정부 차원에서 패시브건축협회를 운영하는 데 반해 국내에서는 국토해양부와 지식경제부에서 건축물 에너지효율 등급 개정안을 담당하고 있다.

'$1m^2$당 연간 1.5*l*의 석유 에너지 사용'과 같은 정확한 수치 대신에 연간 에너지 절감률 40% 이상인 곳을 1등급 주택, 30% 이상 40% 미만인 곳을 2등급 주택으로 지정하는 식에 머무르고 있다.

스타 건축가 3인방의
TALK & TALK

에너지 비용 제로 패시브하우스

패시브하우스 건축에 대한 국내 인식은 부족한 편이다. 많은 사람들이 환경과 에너지에 대해 관심이 많다고는 하나 일반적인 시공비의 20-30%를 더 들여야 하는 부담을 감수하기까진 쉽지 않은 것이 현실이다. 또한 국내 기술력도 문제다. 독일의 경우 수십 년 동안 축적된 실험 데이터와 기술력으로 현대에 와서 안정된 집을 지을 수 있게 되었지만 국내에서는 10년이 채 안 된 기술력, 이론이 아닌 실무로 뒷받침해줄 수 있는 시공능력이 아직은 부족 상태이다. 일반 주택의 건축비용이 3.3㎡ 400만 원 중반대라면 패시브하우스의 건축비용은 3.3㎡ 700만 원 이상이고 독일처럼 짓는다면 3.3㎡ 1,000만 원이 넘을 것으로 예상된다. 패시브하우스는 단열이 잘된 아이스박스 안에 들어가서 산다는 개념과 같다. 장·단점을 꼼꼼하게 검토한 후 최종결정하길 바란다.

집의 가치는 '돈'에 있지 않다

**집의 가치는
'행복'에 있다**

그럼에도 불구하고 값비싼 주택비 때문에
내 집을 사기는커녕
대출의 부담감을 안고 전세금 마련에 급급해하는 것이
대한민국의 현주소다

누구나 한번쯤 상상해보는 내 집 짓기
더 이상 꿈으로만 머무르게 하지 말자

우리 가족의 라이프스타일과 어울리는 집,
나에게 맞는 합리적인 비용으로
일상을 따뜻하고 풍요롭게 만들어나가자

PART

03

비용별 집짓기

—

그래서 이 집이 얼마라고?

따뜻한 전원주택을 담아내다
내 삶에 딱 맞는 집

따뜻한 전원주택을 그려내다
스타 건축가 3인방의 기획 설계 제안

내가 꿈꾸던 집
LOVE

따뜻한 전원주택을 담아내다
내 삶에 딱 맞는 집

20·30평형대

40·50·60·70평형대

우리 가족이 담아내는
LIFE

따뜻한 전원주택을 그려내다
스타 건축가 3인방의 기획 설계 제안

20·30평형대

40·50·60평형대

따뜻한
전원주택을
담아내다

내 삶에
딱 맞는 집

—

내가 꿈꾸던 집
LOVE

어릴 적 마당에서 강아지와 뛰어놀던 나날들
유년시절의 작지만 포근했던 우리 집
아파트를 벗어나 마당에서 뛰어놀 수 있는 추억을 내 아이에게도 만들어주고 싶다
작지만 따뜻하고 정감이 넘치는 집, 그런 집을 꿈꾸다

내가 꿈꾸던 집

LOVE

20·30

평형대 집짓기

내 삶에 딱 맞는 집

20·30평형대 나만의 집짓기 리스트

13,405만원

실용성을 강조하다

27평 | 클래식스타일 | 목조주택 | 설계 2.5개월 | 시공 3.5개월

1억 초반대의 금액으로 집을 지을 수 있을까? 한정된 예산을 가지고 집짓기를 시작한다는 것은 어려운 일이다. 이 주택은 건축주 예산을 역산한 다음, 가능한 평수 및 외관에 대한 방향성을 잡았다. 외관의 경우 클래식 스타일로서 추가 공사비가 적게 나올 수 있는 형태로 디자인했다. 외장에 대한 비용을 아끼는 대신 실내는 아파트 기준보다 높은 퀄리티의 마감재를 사용해 실내생활에 있어 만족스러운 생활을 유지할 수 있을 것이다.

1. 집의 이름을 정한다면?
   실용성을 강조한 집
2. 외부 디자인적 포인트는?
   박공지붕과 처마선
3. 인테리어 포인트는?
   클래식한 외부 디자인과는 다른 모던함
4. 이 집에서 가장 눈여겨봐야 할 점은?
   거실의 넓은 창
5. 키워드로 총평을 내린다면?
   실용성=집
6. 어디에 지어진 집인가?
   울산 울주
7. 이 집의 연 면적은?
   91.20㎡
8. 층별 면적은?
   단층이며 91.20㎡
9. 이 집의 가로/세로 길이는?
   가로 15.4m / 세로 7.5m
10. 몇 명이 거주하는가?
    2명

27평의 면적으로
최대한의
공간감을 끌어냈다.
단층으로 구성하되
주요 실들을
남향으로 배치하고
큰 창을 내어
멋진 조망과
따뜻한 햇살을
잔뜩 머금은 집이 되었다.

1 거실의 통창과 넓은 데크는 이 집의 가장 큰 매력 포인트다. 이웃들 혹은 자식과 손주들이 놀러오면 저녁에는 바비큐 파티가 열리는 곳이다

2 현관문은 단열도어를 사용했다. 1평 정도의 포치 구성으로 비가 많이 내리더라도 현관 안쪽으로 빗물이 들이치지 않게 하는 동시에 주택의 멋스러움을 부각시킨다

3 단층의 안정된 외관, 무게중심을 잡아주는 박공지붕으로 주변경치와 조화를 이루고 있다

실용성을 강조하다

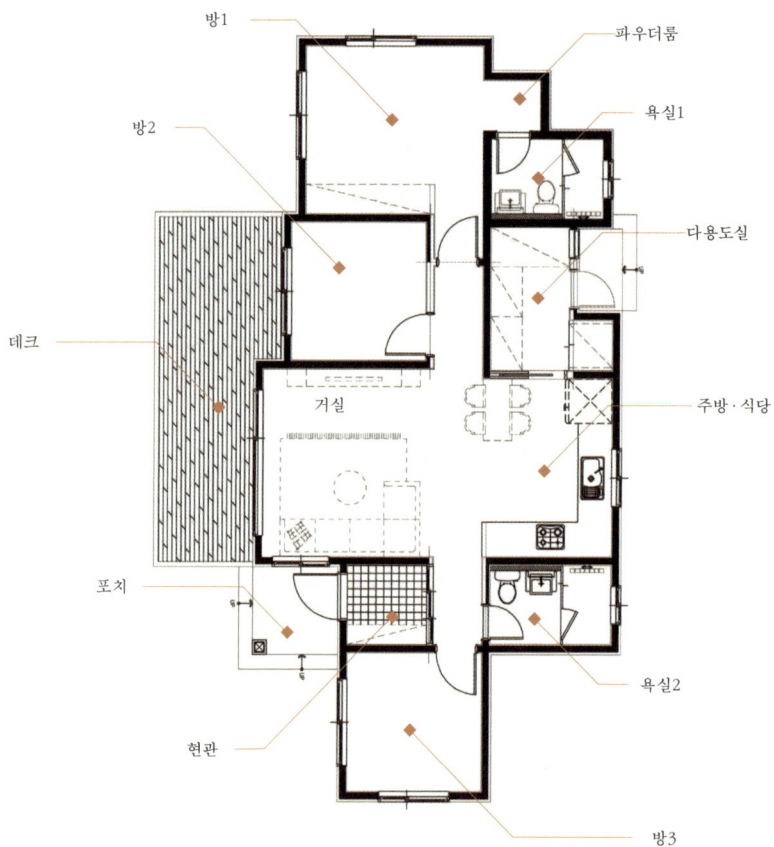

방1
파우더룸
방2
욕실1
다용도실
데크
거실
주방·식당
포치
욕실2
현관
방3

Ground Floor

27평형·CLASSIC STYLE

내용	면적	실공사금
전용면적	26.00평	117,000,000
포치	1.00평	2,000,000
목재 데크	5.00평	3,500,000
EPS몰딩	100.00m	2,500,000
창호추가	1.00식	2,500,000
욕실	1.00식	2,500,000
설계비	27.00평	4,050,000
총 금액		**134,050,000**

(단위: 원, VAT 포함)

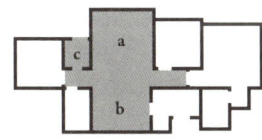

1 군더더기 없는 거실

2,3 화이트 톤의 벽 마감과 밝은 우드 톤의 바닥 마감은 집을 더욱 화사하게 만든다

4 문 하나에도 건축주의 감성을 담으려고 했다

b 2

a 1

c 3

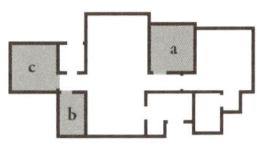

1 화이트 벽지와 블루 계열의 포인트 벽지의 조화. 산뜻함이 느껴지는 침실이다

2 취향 저격! 무게감 있는 느낌을 주는 색의 타일로 고급스러움을 선사한다

3 누워서 하늘을 올려다볼 수 있도록 했다. 남쪽 창뿐만 아니라 동쪽의 가로 창으로 푸른 하늘
  과 산의 정취를 느낄 수 있게 하였다

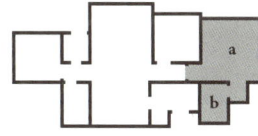

1 굳이 화장대를 사지 않고, 선반을 따로 제작해 별도의 공간을 만들기로 했다. 나만의 미니 화장대가 기대된다

2 바닥 청소에 용이할 수 있도록 세면대를 벽 부착용으로 설치했다. 더더욱 깔끔해졌다

3 욕실에는 비치해야 할 짐들이 예상외로 많다. 별도 선반을 설치해 안경이라도 쉽게 올려놓을 수 있는 공간을 마련했다

14,147만원

주황빛 기와 아래 행복집

26평 | 북유럽스타일 | 목조주택 | 설계 3개월 | 시공 3.5개월

어머니를 위한 선물. 크지 않아도 따뜻하고 포근한 집. 그런 집을 만들고 싶었다. 가족 모두가 함께 생활하는 집은 커야 했으나 자식들이 출가한 이후라면 상황은 달라진다. 굳이 비어있는 방이 있을 필요가 없다. 방의 개수를 줄여 안방과 손님방만 계획해도 충분하다. 그래서 방은 2개만 구성하고, 잡동사니들을 최대한 안쪽으로 수납할 수 있게 해 수납공간과 공용공간을 최대한 확보했다. 어머님을 위한 마음이 듬뿍 담긴 집. 앞으로 또 다른 추억과 이야기가 탄생 될 것이다.

1. **집의 이름을 정한다면?**
   주황빛 기와 아래 행복집
2. **외부 디자인적 포인트는?**
   나무로 만든 울타리
3. **인테리어 포인트는?**
   주방과 분리된 넓은 거실
4. **이 집에서 가장 눈여겨봐야 할 점은?**
   넓은 현관과 3중연동 중문
5. **키워드로 총평을 내린다면?**
   단층의 한계를 벗어나다
6. **어디에 지어진 집인가?**
   경남 양산
7. **이 집의 연 면적은?**
   86.40㎡
8. **층별 면적은?**
   단층이며 86.40㎡
9. **이 집의 가로/세로 길이는?**
   가로 13.5m / 세로 7.2m
10. **몇 명이 거주하는가?**
    2명

1 기와집의 추억. 언제 방문하든 할아버지와 할머니가 반갑게 맞이해줄 것 같다
2 석재로 된 데크는 관리가 용이하다. 물청소 한 번이면 금세 깨끗해진다

141

주황빛 기와 아래 행복집

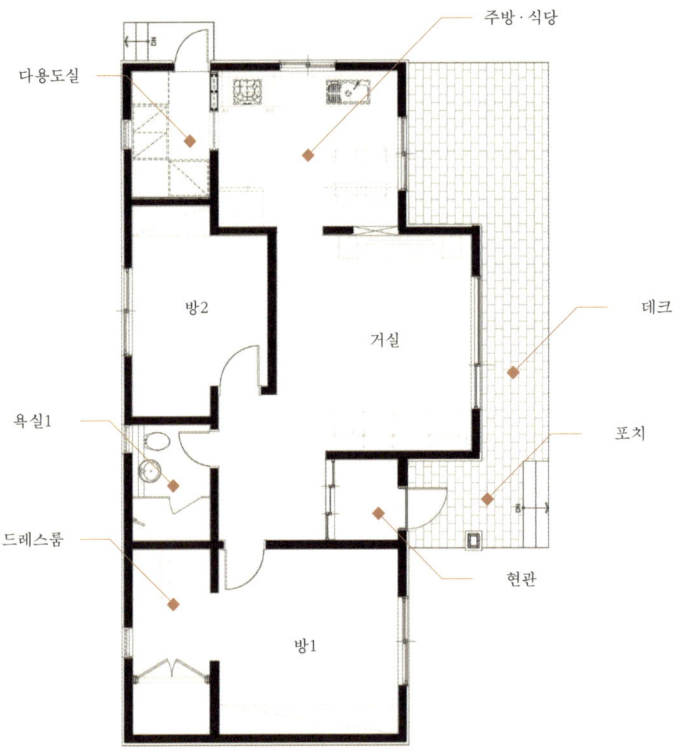

다용도실

주방·식당

방2

거실

데크

욕실1

포치

드레스룸

방1

현관

Ground Floor

26평형·SCANDINAVIA STYLE

내용	면적	실공사금
전용면적	25.32평	111,408,000
포치	0.81평	1,620,000
석재 데크	6.00평	6,600,000
파벽돌	55.00㎡	2,750,000
기와	40.00평	10,000,000
3중연동도어	1.00식	700,000
창호추가	1.00식	4,500,000
설계비	26.00평	3,900,000
총 금액		**141,478,000**

(단위: 원, VAT 포함)

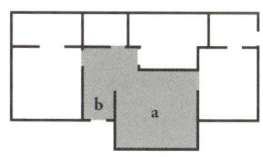

1 간접조명으로 분위기를 한층 업그레이드시켰다. 밝은 실내는 기분을 더 좋게 만든다

2 통창을 통해 보이는 마당. 자식과 손주들이 놀러와 마당에서 뛰어노는 모습을 지켜보는 일은
일상을 더더욱 행복하게 만들어준다

3 3중연동도어 설치로 통로를 넓게 사용할 수 있다. 그레이 톤의 바닥 타일 마감은 고급스러움
을 연출한다

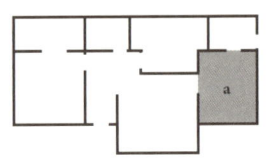

1 주방의 창문은 작아야 한다? 이젠 넓은 창을 설치해 햇살이 충분히 들어올 수 있도록 한다
2 자칫 단조로울 수 있는 창문 디자인을 나무로 틀을 마감해 디테일 포인트를 살려주었다
3 하이그로시 마감의 싱크대와 대리석 상판의 조화로 고급스러움을 배가시켰다

144

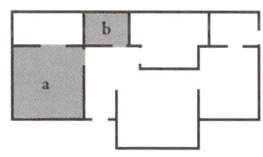

1 방에 딱 맞는 붙박이장 설치로 수납공간을 마련하였다

2 화이트 톤의 도기와 아이보리 톤의 타일 조합으로 욕실의 분위기는 한층 환해졌다

3 수납장에 거울을 함께 시공해 별도의 공간을 낭비하지 않고 일석이조의 효과를 가져왔다

15,545만원

커피 한잔의 여유

31.5평 | 클래식스타일 | 목조주택 | 설계 2.5개월 | 시공 3.5개월

비가 내리는 풍경을 바라보며 커피 한잔하는 여유를 가질 수 있는 집, 넓은 공간과 높은 천장 그리고 심플한 외관 디자인 3박자가 갖추어진 집이다. 넓은 공간을 확보하기 위해 과감히 단층으로 구성해 이동하는 공간에 대한 부분까지도 제약을 가했다. 단층으로 하되 거실과 주방을 넓게 구성해 손님들과 함께 웃으면서 이야기할 수 있는 공간을 만들어냈다. 화이트 톤의 밝은 외관으로 빗소리를 들으며 커피 한잔 마실 때 그 분위기가 배가되는 집이다.

1. **집의 이름을 정한다면?**
   커피 한잔의 여유가 있는 집

2. **외부 디자인적 포인트는?**
   박공지붕과 처마선

3. **인테리어 포인트는?**
   외부와 다른 모던함

4. **이 집에서 가장 눈여겨봐야 할 점은?**
   거실의 넓은 창

5. **키워드로 총평을 내린다면?**
   집에서 일상 속 여유를 찾다

6. **어디에 지어진 집인가?**
   경기 인천

7. **이 집의 연 면적은?**
   91.20㎡

8. **층별 면적은?**
   단층이며 91.20㎡

9. **이 집의 가로/세로 길이는?**
   가로 14.5m / 세로 11.15m

10. **몇 명이 거주하는가?**
    2명

1 옅은 그레이 톤의 지붕에 화이트 외벽은 동화 속 집을 연상케 한다
2 전면부 포치는 집을 웅장하게 만든다. 비가 와도 포치 아래에서 카푸치노 한 잔을 즐길 수 있다
3 잔디가 있는 마당은 아이들과 강아지가 뛰노는 공간이다

커피 한잔의 여유

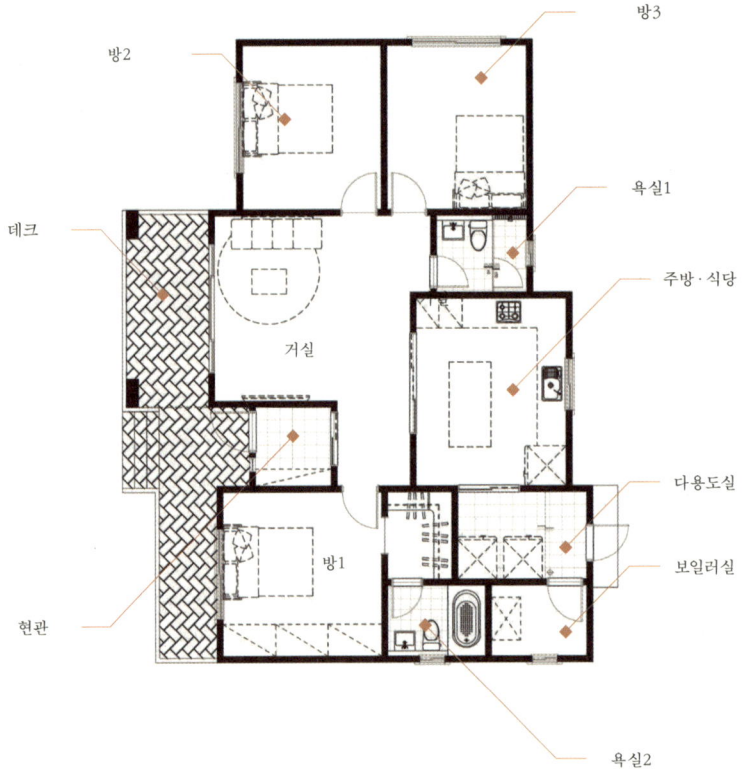

방2 · 방3 · 데크 · 욕실1 · 주방·식당 · 거실 · 다용도실 · 방1 · 보일러실 · 현관 · 욕실2

Ground Floor

31.5평형 · CLASSIC STYLE

내용	면적	실공사금
전용면적	28.00평	126,000,000
포치	3.50평	7,000,000
석재 데크	7.00평	7,700,000
EPS몰딩	90.00m	1,800,000
1층 오픈천장	1.00식	5,000,000
창호추가	1.00식	3,300,000
설계비	31.00평	4,650,000
총 금액		**155,450,000**

(단위: 원, VAT 포함)

a 1 a 2

b 3 a 4

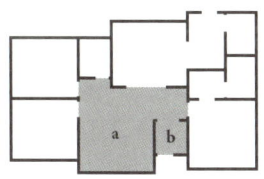

1 불투명 유리를 적용한 3중연동 중문. 현관문을 열어두어도 실내가 보이지 않아 사생활이 보장된다

2 방에 들어가는 동선을 하나로 맞췄다. 이 집에는 불필요한 복도 공간이 없다

3 나무 무늬가 들어간 현관문은 앤티크한 느낌과 멋스러움을 동시에 풍긴다

4 거실에는 1층 오픈천장을 적용시켰다. 다각형의 포인트 창을 좌우로 배치해 개방감 있는 거실 공간을 연출했다

149

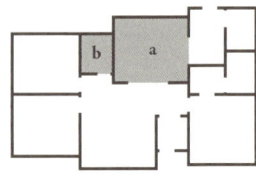

1 앤티크한 식탁으로 모던과 클래식이 공존하는 주방이다

2 청결한 공간이라는 분위기를 주기 위해 욕실은 최대한 밝게 시공하고자 하였다

3 거실과 주방 사이에 큰 미닫이문을 설치해 언제든지 가변적인 공간 활용이 가능하다

a 1

b 2

c 3

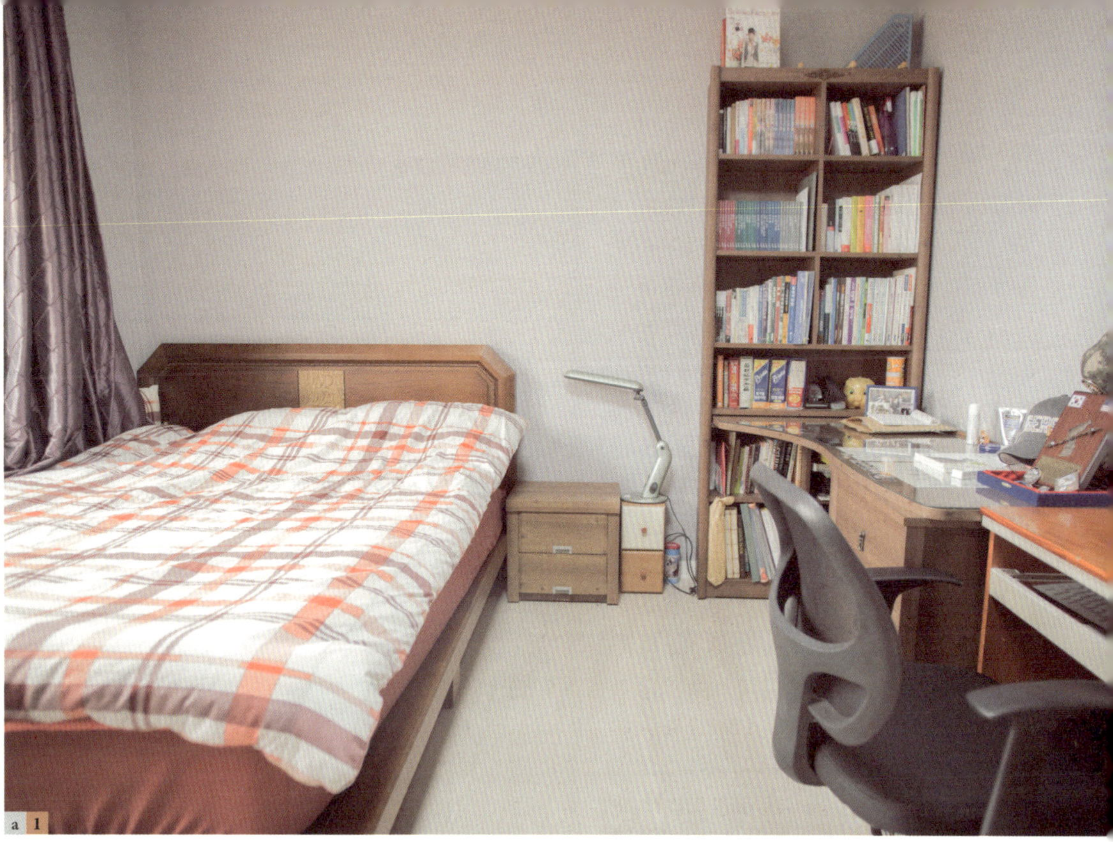

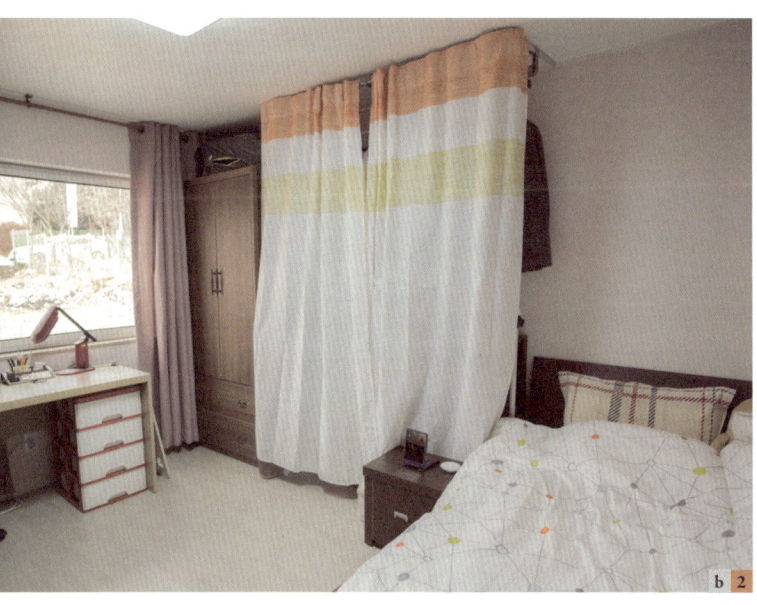

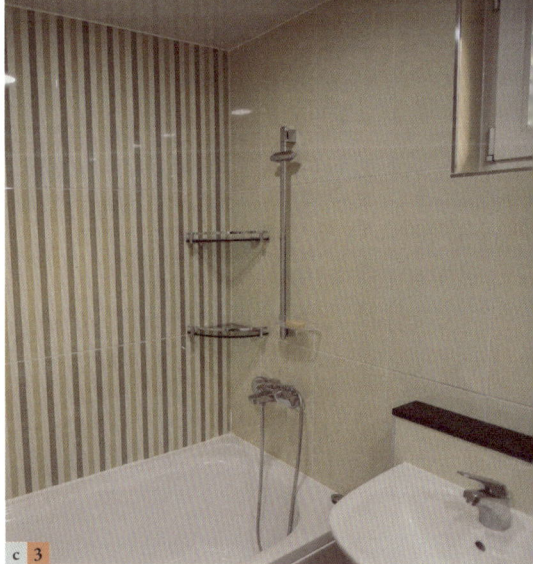

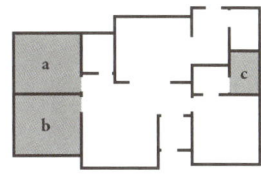

1 예민할 수 있는 아이들의 나이대에 맞춰 독립적인 공간을 부여하도록 했다

2 공부를 하다가 바깥의 풍경을 보며 휴식을 취할 수 있도록 큰 창을 설치했다

3 하루일과를 마치고 반신욕을 할 수 있는 힐링타임을 제공하도록 공간을 만들었다

16,904만원

전용면적 27평도 충분하다

35평 | 북유럽스타일 | 목조주택 | 설계 2개월 | 시공 3.5개월

'전용면적 27평짜리 전원주택? 너무 작지 않을까?'와 같은 것은 기우에 불과하다. 일반적으로 건설회사에서는 30평 미만을 거의 시공하지 않는다. 면적이 줄어든다고 해서 공사비가 큰 폭으로 내려가지 않기 때문이다. 하지만 2명이서 생활할 공간이라면 굳이 크게 지을 필요가 없다. 또한 정해진 예산 안에서 문제를 해결하기 위해서는 평수를 줄이는 것이 답이다. 시야를 확 트이게 만들어 주는 거실을 구성하기 위해 오픈천장으로 하고, 다락방 같은 오픈스페이스를 마련해 작지만 답답하지 않은 주택이 완성되었다.

1. 집의 이름을 정한다면?
작지만 알찬 집

2. 외부 디자인적 포인트는?
거실 앞 높게 뻗은 포치

3. 인테리어 포인트는?
2층까지 오픈된 거실

4. 이 집에서 가장 눈여겨봐야 할 점은?
매력적인 복층 다락 공간

5. 키워드로 총평을 내린다면?
27평이지만 있을 건 다 있다

6. 어디에 지어진 집인가?
강원 평창

7. 이 집의 연 면적은?
90.90㎡

8. 층별 면적은?
2층이며 1층 75.78㎡, 2층 15.12㎡

9. 이 집의 가로/세로 길이는?
가로 14.1m / 세로 6.8m

10. 몇 명이 거주하는가?
2명

1 평창의 한적한 마을에 이국적인 전원주택이 지어졌다

2 주황색 스페니시 기와, 변색 기와 적용으로 지루함이 느껴지지 않는다

3 높은 포치와 기둥으로 이국적인 느낌을 배가시켰다. 해외 어디에서도 쉽게 볼 수 없는 디자인
이다

전용면적 27평도 충분하다

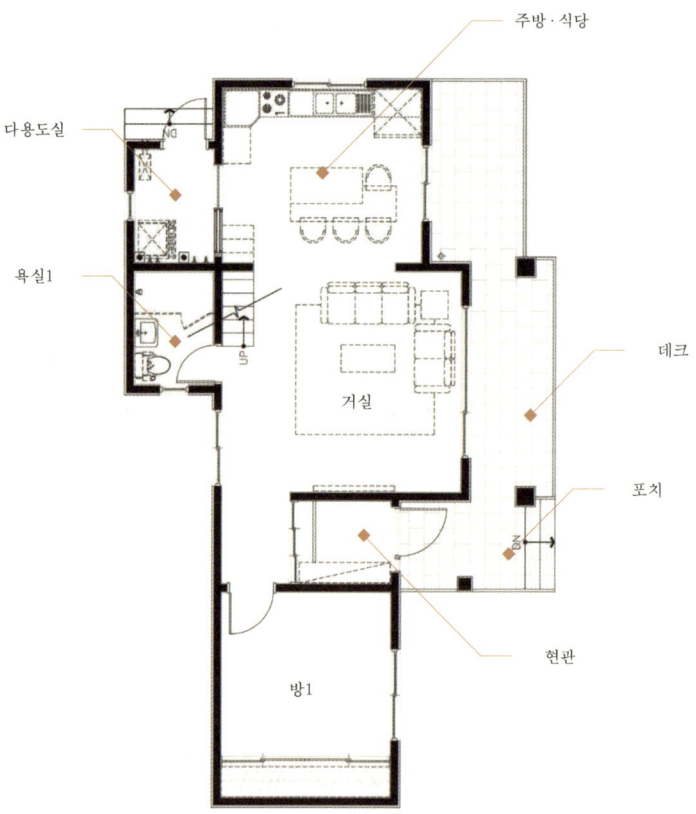

주방·식당

다용도실

욕실1

데크

거실

포치

현관

방1

Ground Floor

35평형·SCANDINAVIA STYLE

내용	면적	실공사금
전용면적	27.50평	123,750,000
포치	4.00평	8,000,000
석재 데크	4.50평	4,950,000
다락방	3.50평	7,700,000
다락방 계단	1.00식	1,000,000
EPS몰딩	40.00m	1,200,000
파벽돌	40.00m^2	2,200,000
기와	27.00평	9,990,000
굴뚝	1.00식	1,000,000
창호추가	1.00식	4,000,000
설계비	35.00평	5,250,000
총 금액		**169,040,000**

(단위: 원, VAT 포함)

전용면적 27평도 충분하다

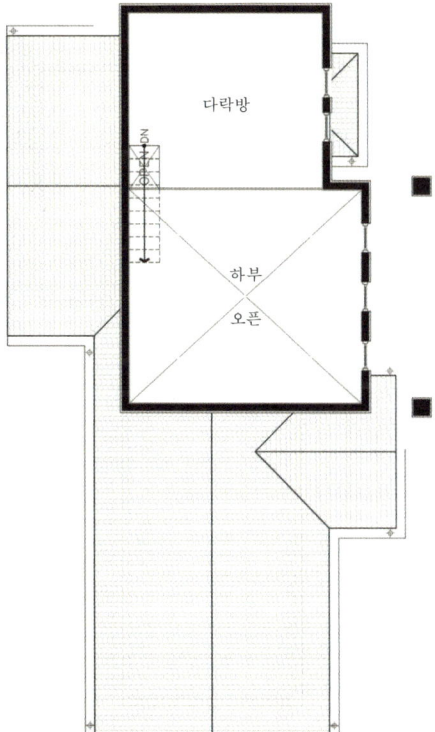

다락방

하부
오픈

Second Floor

35평형·SCANDINAVIA STYLE

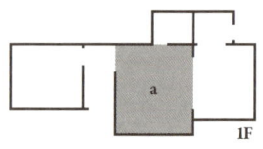

1F

1 웅장한 거실과 높은 천장이야말로 전원주택의 진짜 매력이다

2 서까래 디자인의 천장 마감으로 한국 전통주택의 매력을 담아냈다

3 통창에서 들어오는 햇살. 거실 어디에 있어도 따스한 햇볕이 내리쬔다

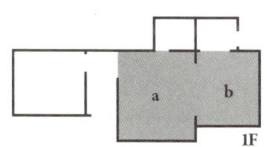

1F

1 많은 사람들의 로망인 벽난로. 장작 타는 모습을 보고 있으면 어느 샌가 사색에 잠겨 있는 자신을 발견할 수 있을 것이다

2 주방을 넓게 만들었다. 많은 손님이 찾아와도 공간에 부족함이 없다

3 다락방으로 올라가는 계단. 별도의 낭비되는 공간 없이 오픈된 계단 자체만으로도 하나의 인테리어가 되었다

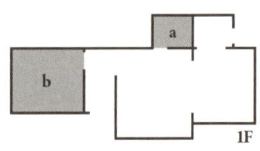

1F

1 관리적인 측면에서 욕조를 과감히 생략하고 샤워부스를 설치했다

2 우아한 느낌을 주는 라운드 디자인의 도기를 선택했다

3 벽 속에 숨은 붙박이장. 시공 때부터 계획했기 때문에 문만 설치해 큰 비용 없이 붙박이장을 완성시켰다

4 단순한 벽지 마감이 아니라 편백나무 몰딩으로 포인트를 살렸다

a 1

a 2

a 3

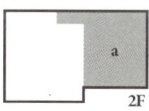

a

2F

1 이 전원주택의 가장 큰 매력 포인트는 다락방이다. 방처럼 꾸며놓아 손님 방문 시 편히 쉴 수 있게 배려한다

2 나무 난간을 통해 거실이 한눈에 내려다보인다

3 벽에 조명을 붙여 감각적인 다락방이 완성되었다

17,070만원

나주의 자연과 동화되다

35.5평 | 클래식스타일 | 목조주택 | 설계 3개월 | 시공 3.5개월

대부분이 직사각형의 반듯한 대지 위에 집을 짓기 때문에 일자형이나 박스형 등의 평면 구성을 많이 한다. 그러나 대지가 독특하게 생겼거나 남향의 위치가 조망권 위치와 엇갈려 있을 때에는 이번 주택처럼 ㄱ자형 배치를 고려해보는 것도 좋다. ㄱ자형 주택은 모든 실이 균등한 채광을 받을 수 있다는 점, 자연스럽게 매스감이 극대화된다는 점, 별도의 포인트가 없고 평수가 작다 하더라도 이를 커버할 수 있는 볼륨감을 가진다는 장점이 있다.

1. **집의 이름을 정한다면?**

   나주에서 제일 예쁜 집

2. **외부 디자인적 포인트는?**

   ㄱ자형 주택 배치

3. **인테리어 포인트는?**

   큰 창을 통해 들어오는 햇볕

4. **이 집에서 가장 눈여겨봐야 할 점은?**

   창이 많은 침실

5. **키워드로 총평을 내린다면?**

   자연을 집 안에 끌어들이다

6. **어디에 지어진 집인가?**

   전남 나주

7. **이 집의 연 면적은?**

   110.89㎡

8. **층별 면적은?**

   2층이며 1층 71.75㎡, 2층 39.14㎡

9. **이 집의 가로/세로 길이는?**

   가로 12.5m / 세로 9m

10. **몇 명이 거주하는가?**

    4명

1 땅 모양이 이상해도 예쁜 집이 지어질 수 있다

2 ㄱ자형 전원주택의 매력을 한데 모았다

3 처마를 조금 더 내어 한국식 전원주택 감성을 클래식함과 조화시켰다

나주의 자연과 동화되다

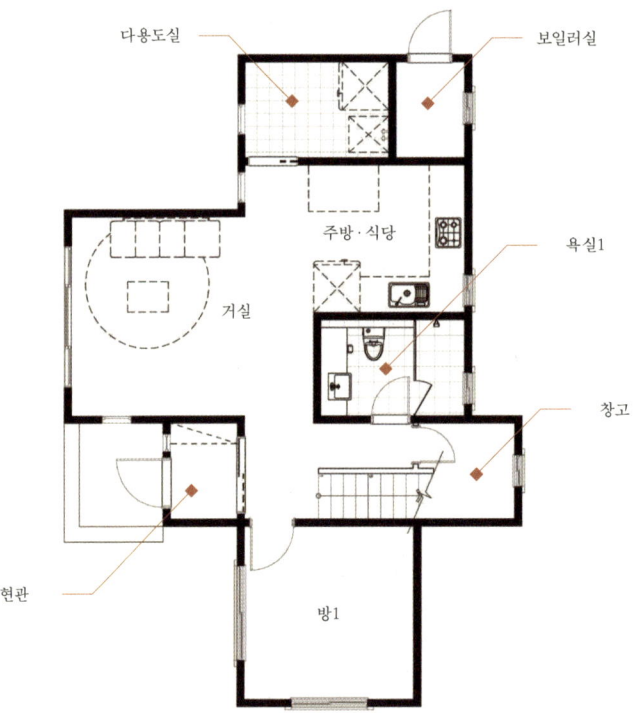

Ground Floor

35.5평형 · CLASSIC STYLE

내용	면적	실공사금
전용면적	33.50평	150,750,000
포치	1.00평	2,000,000
목재 데크	4.00평	2,800,000
2층 발코니	1.00평	2,600,000
단조난간	3.00m	450,000
EPS몰딩	70.00m	1,400,000
파벽돌	70.00㎡	2,450,000
창호추가	1.00식	3,000,000
설계비	35.00평	5,250,000
총 금액		**170,700,000**

(단위: 원, VAT 포함)

나주의 자연과 동화되다

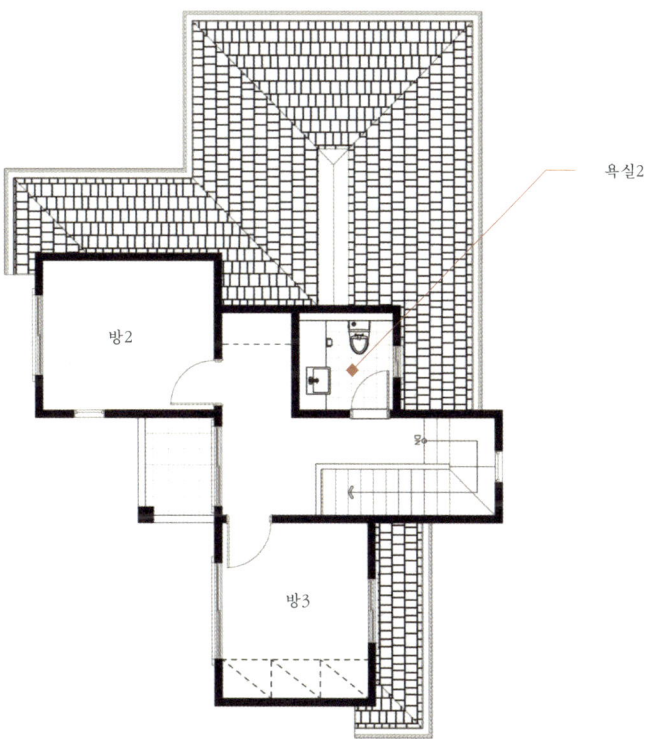

욕실2

방2

방3

Second Floor

35.5평형·CLASSIC STYLE

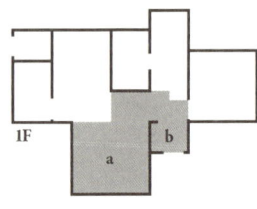

1F

1 거실 창을 통해 보이는 산의 조망은 마을에서 이 전원주택이 최고다
2 매립등을 설치해 군더더기 없는 마감면을 완성시켰다
3 현관 앞 포치에 인조석 포인트와 석재 데크를 배치해 개성이 더해졌다

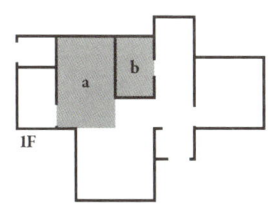

1 사용자의 동선을 배려해 주방을 배치했다

2 좁은 욕실 공간을 넓어 보이게 만들었다

3 싱크대 앞에 창문을 설치해 외부 풍경이 보일 수 있게 하였다

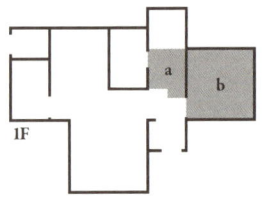

1 책장을 짜 넣어 수납 공간을 마련했다
2 밝은 우드 톤의 나무계단을 배치했다
3 두 개의 창을 통해 외부 풍경을 바라볼 수 있다

a 1

b 2

c 3

b 4

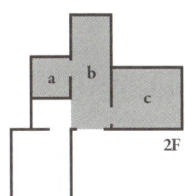

2F

1 절반은 그레이 톤의 타일, 나머지 절반은 화이트 톤의 타일 적용으로 심플하지만 매력적인 욕실이 되었다

2 2층 복도 공간에 둔 소파로 휴식을 취할 수 있다

3 2층에서 바라보는 풍경은 1층과는 또 다르다. 2층 주택의 매력이다

4 벽걸이 포인트로 집을 분위기 있게 꾸며 보았다

167

17,374만원

푸른 하늘 아래 숨 쉬는 집

34평 | 북유럽스타일 | 목조주택 | 설계 2.5개월 | 시공 3.5개월

충북 영동에 지어진 이 주택은 주변 자연경관이 뛰어났기 때문에 자연과의 동화가 중시되었다. 그렇기 때문에 자연을 해치면서까지 독특한 느낌의 집을 짓는 것이 아닌, 원래 그 자리에서 자연과 함께해왔던 것 같은 느낌의 집을 설계하고자 했다. 34평형대의 주택이지만 오픈 천장, 포치, 발코니 등을 디자인적으로 활용해 해당 평수보다 커 보이는 주택을 완성시켰다.

둘이서만
거주할 예정이므로
필요한 공간만
설계한 전원주택.
게스트를 위한 방은
별도로 마련해
친구들과 함께
가든파티도 열 수 있다.

1. **집의 이름을 정한다면?**
   푸른 하늘 은하수

2. **외부 디자인적 포인트는?**
   레벨 차이에 따른 볼륨감

3. **인테리어 포인트는?**
   1.5층 오픈된 거실

4. **이 집에서 가장 눈여겨봐야 할 점은?**
   독특한 느낌의 거실천장 마감

5. **키워드로 총평을 내린다면?**
   숲 속에 산다는 것

6. **어디에 지어진 집인가?**
   충북 영동

7. **이 집의 연 면적은?**
   88.98㎡

8. **층별 면적은?**
   2층이며 1층 64.02㎡, 2층 24.96㎡

9. **이 집의 가로/세로 길이는?**
   가로 14.1m / 세로 5.5m

10. **몇 명이 거주하는가?**
    2명

1 푸르른 강이 보이는 고즈넉한 언덕에 위치한 전원주택. 주황빛 기와가 올라간 북유럽 스타일
  의 전원주택이 눈에 띈다
2 화이트 톤의 외벽 마감에 획일적이지 않은 벽돌의 포인트 마감이 매우 매력적이다
3 배산임수의 좋은 예. 한 폭의 산수화를 보는 듯하다

푸른 하늘 아래 숨 쉬는 집

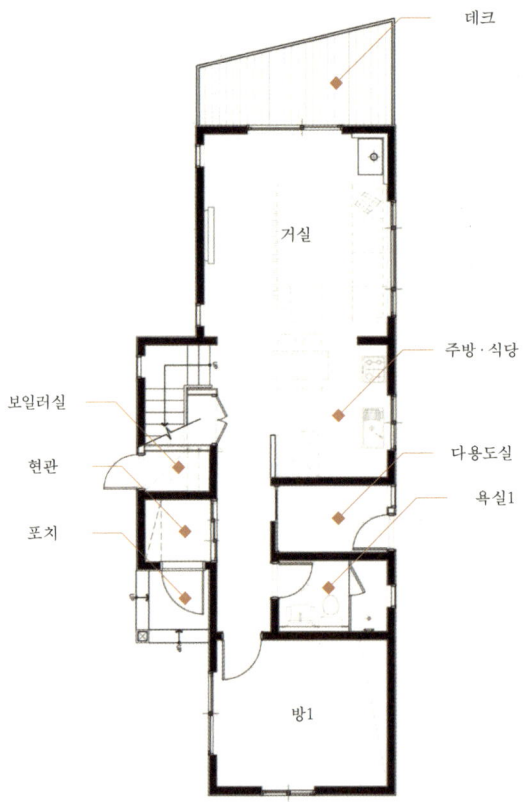

데크

거실

주방 · 식당

보일러실

현관

다용도실

욕실1

포치

방1

Ground Floor

34평형 · SCANDINAVIA STYLE

내용	면적	실공사금
전용면적	27.00평	121,500,000
포치	1.00평	2,000,000
2층 발코니	2.00평	5,200,000
다락방	4.00평	12,000,000
목재 데크	4.00평	2,800,000
파벽돌	50.00㎡	1,750,000
기와	27.00평	9,990,000
1.5층 오픈천장	1.00식	9,000,000
3중연동도어	1.00식	700,000
창호추가	1.00식	3,700,000
설계비	34.00평	5,100,000
총 금액		**173,740,000**

(단위: 원, VAT 포함)

푸른 하늘 아래 숨 쉬는 집

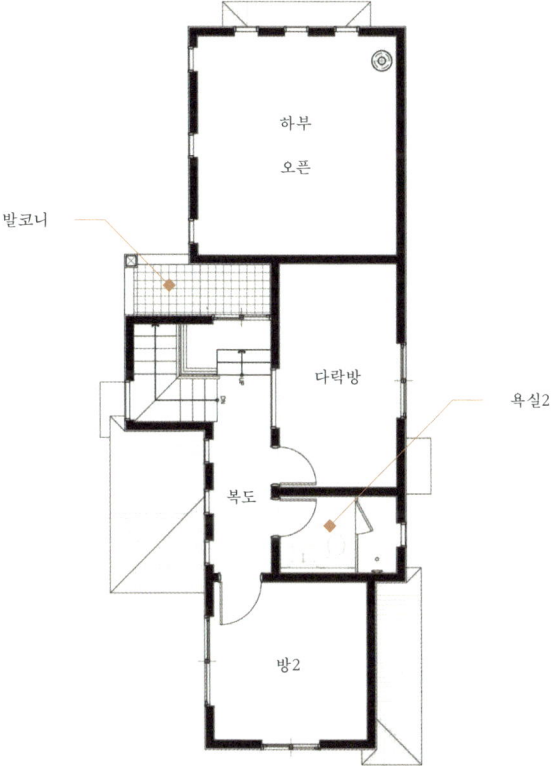

발코니

하부
오픈

다락방

욕실2

복도

방2

Second Floor

34평형 · SCANDINAVIA STYLE

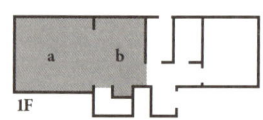

1F

1 높은 거실은 개방감을 극대화한다. 이 공간에서 서로의 취미를 공유한다
2 격자무늬의 천장 마감과 LED등은 멋스러움을 배가시킨다
3 깔끔한 성격의 아내를 위해 주방은 화이트 톤으로 통일했다

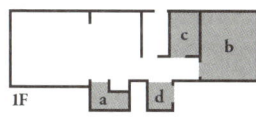

1F

1 계단실은 우드 마감으로 이 전원주택에서 가장 포인트가 되는 공간이다

2 안정된 느낌을 주도록 꾸며 부부만의 힐링 공간이 될 수 있도록 하였다

3 세면대 하부에 탁자를 시공하여 어지러운 배관을 자연스럽게 가려주었다

4 단열을 위한 3중연동 중문. 망입유리를 적용하니 심플하면서도 감각적이다

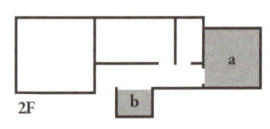

1 대학에서 공부하는 딸이 집에 오면 푹 쉬다 갈 수 있도록 공간을 꾸몄다. 핑크를 좋아하는 딸의 취향에 맞췄다

2 낭비되는 공간을 줄이기 위해 계단은 사선으로 경사 코너를 꺾어 발판을 시공했다

3 가로 창의 매력. 답답함을 줄이고 개방감을 넓혔다

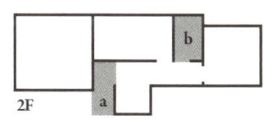

2F

1 2층 발코니에서 비 내리는 강을 바라보고 있으면 이보다 더한 힐링은 없다
2 최대한 밝은 느낌을 줘서 청결한 욕실로 보일 수 있도록 하였다
3 욕실은 화이트 톤의 도기와 건식으로 구성했다

17,512만원

제주도의 따뜻한 감성

33평 | 클래식스타일 | 목조주택 | 설계 4개월 | 시공 4개월

30평대를 설계할 때에는 계단실 및 복도 공간에 소요되는 공간이 아까워 2층보다는 단층을 추천하는 편이다. 하지만 이번처럼 제주도라는 지역 특수성이 있을 때에는 예외적으로 2층짜리 주택을 구성하기도 한다. 각 공간에 대한 면적을 조금씩 줄이고 가장 중요하게 생각하는 건축적 요소 1개를 집중하여 설계하는 것, 이번 주택의 설계 방향이 바로 여기에 있다.

1. 집의 이름을 정한다면?

제주도 러브하우스

2. 외부 디자인적 포인트는?

집 앞 넓은 데크

3. 인테리어 포인트는?

화이트 톤으로 통일된 실내 마감

4. 이 집에서 가장 눈여겨봐야 할 점은?

거실에서 공간 확장되는 외부 데크

5. 키워드로 총평을 내린다면?

따뜻함 + 젊음

6. 어디에 지어진 집인가?

제주 제주시

7. 이 집의 연 면적은?

98.73㎡

8. 층별 면적은?

2층이며 1층 66.87㎡, 2층 31.86㎡

9. 이 집의 가로/세로 길이는?

가로 12m / 세로 8.1m

10. 몇 명이 거주하는가?

3명

1 제주도의 2층짜리 전원주택. 한라산이 보이는 앞마당의 조망은 최고의 절경이다
2 주변의 자연으로부터 이질감이 느껴지지 않도록 설계하였다
3 주황빛 스페니시 기와와 나무 데크, 제주도 돌담의 조화는 완벽하다

제주도의 따뜻한 감성

드레스룸
욕실1
창고
데크
다용도실
보일러실
방1
현관
데크
거실
주방·식당

Ground Floor

33평형·CLASSIC STYLE

내용	면적	실공사금
전용면적	30.00평	135,000,000
포치	1.00평	2,000,000
데크	11.00평	7,700,000
2층 발코니	2.00평	5,200,000
EPS몰딩	90.00m	1,800,000
파벽돌	45.00㎡	1,575,000
기와	30.00평	10,500,000
창호추가	1.00식	3,900,000
욕실	1.00식	2,500,000
설계비	33.00평	4,950,000
총 금액		**175,125,000**

(단위: 원, VAT 포함)

제주도의 따뜻한 감성

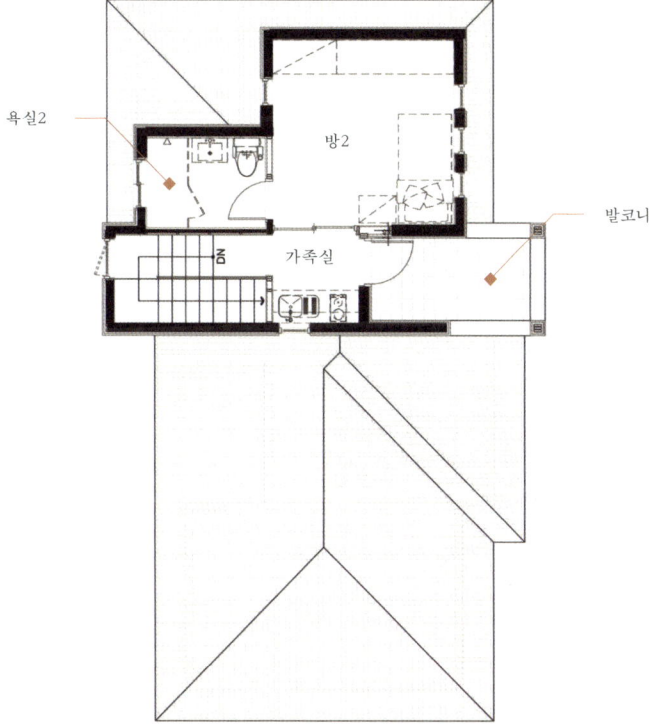

욕실2

방2

발코니

증2

가족실

Second Floor

33평형 · CLASSIC STYLE

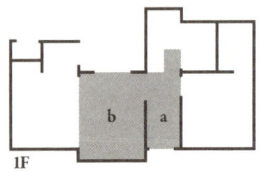

1F

1 현관에서 바로 이어지는 계단은 동선의 얽힘을 방지한다
2 거실과 주방을 분리해 각 공간의 영역성을 확보했다
3 둘이 생활하기에 적절한 거실 공간이다. 창을 통해 보이는 제주도의 자연까지 전부!

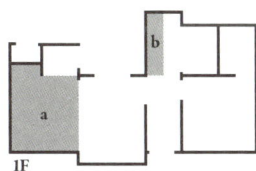

1 아침식사를 하며 바라보는 전경. 제주도의 자연환경을 매일 즐길 수 있다

2 주방의 싱크대는 최대한 깔끔하게끔 했다

3 화이트 톤의 식탁은 주방과 매우 잘 어울린다

4 단조 난간 시공으로 계단 공간마저 하나의 작품이 되었다

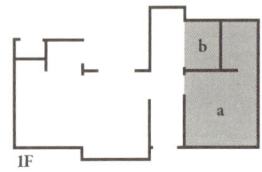

1 유니크한 포인트 벽지를 선택해 생동감을 불어넣었다

2 드레스룸을 별도로 설치해 옷이나 이불 등을 수납하게끔 했다

3 작은 창문으로 보이는 제주도의 풍경은 욕실에서도 잘 느낄 수 있다

4 화이트를 기본으로 하되 벽 선반 타일에 포인트를 줬다

a 1 a 2

b 3 c 4

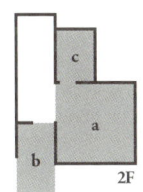

2F

1 2층 방은 손님을 위한 공간이다. 가끔 취미공간으로도 활용된다

2 복도를 조금 더 넓혀 가족실의 개념으로 만들어 놓았다. 1층과 분리돼 대화를 조곤조곤 나눌
  수 있는 공간이다

3 2층 발코니에서 커피 한잔은 무엇과도 바꿀 수 없는 즐거움이다

4 2층에 별도 욕실을 시공해 1층까지 내려가야 하는 번거로움을 덜었다

18,013만원

부모님께 집을 선물하다

33.4평 | 북유럽스타일 | 목조주택 | 설계 2.5개월 | 시공 3.5개월

한 지붕 아래 두 공간. 부모님이 거주하는 공간이지만 아버지와 어머니의 라이프스타일이 달라 각각의 공간을 만들어주고자 했다. 현관을 중심으로 구분되는 프라이빗한 공간. 30평대지만 총 3개의 욕실 구성으로 손님이 사용하기 편리하도록 배려했다. 자칫 좁아질 수 있는 내부 공간에 대한 제약을 해결하기 위해 앞/뒤쪽에 데크를 넓게 설치했다. 단층 주택이지만 박공 지붕의 레벨을 다르게 적용했더니 볼륨감 있는 외관이 형성되었다.

1. **집의 이름을 정한다면?**

   부모님께 선물하고 싶은 집

2. **외부 디자인적 포인트는?**

   주황빛 기와와 파벽돌의 조화

3. **인테리어 포인트는?**

   1층 오픈이 된 거실

4. **이 집에서 가장 눈여겨봐야 할 점은?**

   거실과 주방의 오픈

5. **키워드로 총평을 내린다면?**

   부모님께 딱 맞는 집

6. **어디에 지어진 집인가?**

   경북 칠곡

7. **이 집의 연 면적은?**

   104.60㎡

8. **층별 면적은?**

   단층이며 104.60㎡

9. **이 집의 가로/세로 길이는?**

   가로 16.5m / 세로 7.5m

10. **몇 명이 거주하는가?**

    2명

따뜻한 햇살이
내리쬐는 곳.
그곳에 터를 잡았다.
노부부가 생활하기에 적합한
공간 및 디자인으로써
어느 순간부터
마을의 사랑방 역할을
하게 되었다.

1 지붕의 경사를 달리해 이국적이면서도 독특하다
2 목재 데크는 저녁노을 무렵에 그 역할을 톡톡히 한다
3 유럽에 와 있는 듯한 느낌을 주는 전원주택이다

부모님께 집을 선물하다

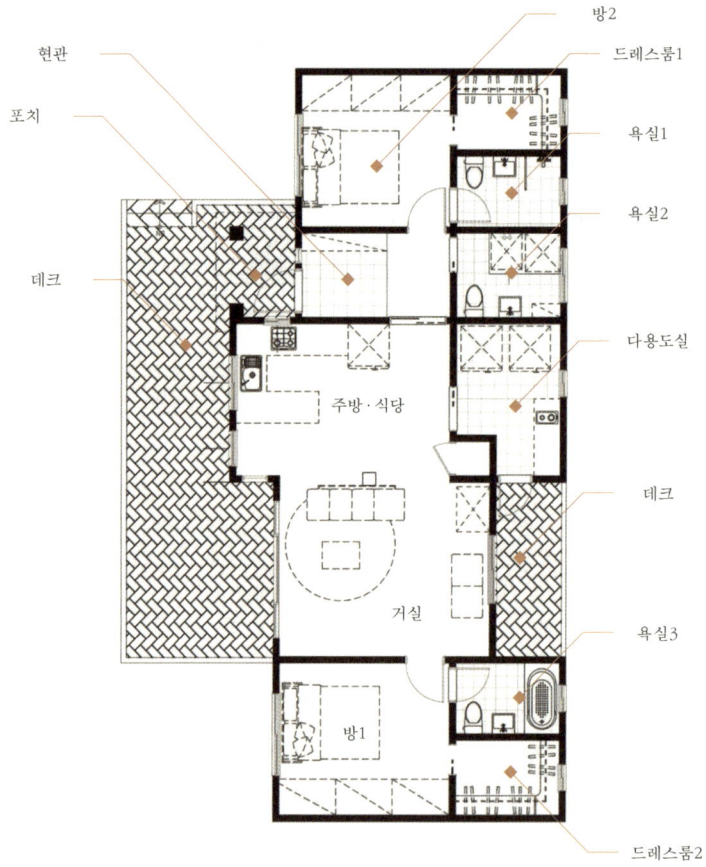

방2
드레스룸1
욕실1
욕실2
다용도실
데크
욕실3
드레스룸2

현관
포치
데크

주방·식당
거실
방1

Ground Floor

33.4평형·SCANDINAVIA STYLE

내용	면적	실공사금
전용면적	31.60평	135,880,000
포치	1.80평	3,600,000
목재 데크	12.00평	8,400,000
EPS몰딩	120.00m	2,400,000
파벽돌	90.00㎡	3,150,000
기와	31.00평	10,850,000
1층 오픈천장	1.00식	5,000,000
포켓도어	1.00식	500,000
창호추가	1.00식	2,900,000
욕실	1.00식	2,500,000
설계비	33.00평	4,950,000
총 금액		**180,130,000**

(단위: 원, VAT 포함)

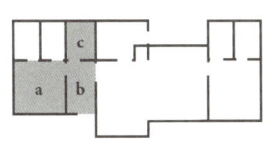

1 아침마다 창을 통해 들어오는 따스한 햇살은 하루의 시작을 행복하게 만들어준다

2 오픈된 현관으로 시공해 공간의 개방감을 극대화했다. 디자인된 나무 옷걸이는 또 하나의 포인트다

3 욕실은 다목적 용도로 쓸 수 있게끔 했다. 세탁기와 건조기를 한 공간에 두어 공간 활용을 최대화했다

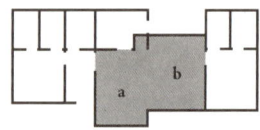

1 앤티크한 주방. 이 집에서 아내가 가장 좋아하는 공간이다

2 아침마다 장작 패는 소리에는 도시의 복잡한 소음과는 다른 편안함이 있다

3 거실과 주방이 이어지는 개방감 있는 공간. 부부의 생활이 한눈에 보인다

a 1   a 2

b 3   b 4

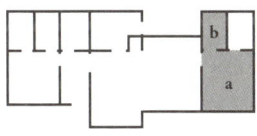

1 두 개의 창을 두어 여러 각도에서 다양한 조망을 감상할 수 있게 하였다

2 나무 몰딩을 창문에도 둘러주어 창 자체가 하나의 액자이자 포인트다

3 피곤할 때 반신욕을 즐길 수 있도록 욕실을 꾸몄다

4 선반에 포인트 타일을 넣어 차별화를 꾀하였다

19,055만원

집이라는 본질적 가치에 집중하다

38평 | 클래식스타일 | 목조주택 | 설계 3개월 | 시공 3.5개월

내가 가진 예산 안에서 최고의 효과를 보기 위해서는 어떻게 해야 할까. 겉이 번지르르한 주택은 공사비가 비싸다는 문제점이 있다. 빌딩이나 상가처럼 랜드마크적인 느낌으로 건축해야 한다고 했을 때에는 당연히 주변 건물과는 다른 상징성이 있어야 하지만 전원주택처럼 생활에 초점이 맞춰져 있는 건물인 경우 방향성은 달라져야 할 것이다. 데드스페이스의 최소화, 주생활공간의 편리성, 가격 대비 고효율 등을 바탕으로 이번 주택은 집이라는 근본적인 가치와 본질적인 목표를 잘 담아냈다.

1. **집의 이름을 정한다면?**
   본질적인 가치에 집중한 집
2. **외부 디자인적 포인트는?**
   클래식한 분위기를 자아내는 외관
3. **인테리어 포인트는?**
   유럽풍의 디자인
4. **이 집에서 가장 눈여겨봐야 할 점은?**
   볼륨감 있는 거실 천장
5. **키워드로 총평을 내린다면?**
   클래식함의 정석
6. **어디에 지어진 집인가?**
   강원 횡성
7. **이 집의 연 면적은?**
   118.56㎡
8. **층별 면적은?**
   단층이며 1층 118.56㎡
9. **이 집의 가로/세로 길이는?**
   가로 18.1m / 세로 9.3m
10. **몇 명이 거주하는가?**
   4명

1 클래식의 정석과도 같은 전원주택이다
2 나무 울타리로 클래식에 부드러움을 더했다
3 넓은 앞마당 잔디 위에서 뛰노는 강아지들을 보고 있는 것 자체만으로 마음의 평화가 찾아온다

집이라는 본질적 가치에 집중하다

방1

욕실1

욕실2

보일러실

방2

데크

주방·식당

다용도실

거실

포치

현관

방3

Ground Floor

38평형·CLASSIC STYLE

내용	면적	실공사금
전용면적	36.00평	162,000,000
포치	2.00평	5,000,000
목재 데크	5.00평	3,500,000
EPS몰딩	90.00m	1,800,000
파벽돌	30.00㎡	1,050,000
1층 오픈천장	1.00식	5,000,000
창호추가	1.00식	6,500,000
설계비	38.00평	5,700,000
총 금액		**190,550,000**

(단위: 원, VAT 포함)

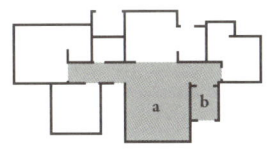

1 모던과 클래식을 적절히 배치해 어디서도 볼 수 없는 거실을 만들어냈다
2 헤링본 바닥 타일 마감은 고급스러움을 배가시킨다
3 앤티크한 신발장과 바닥 타일이 잘 어우러진다

a 1
a 2

b 3
c 4

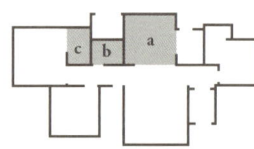

1 중후한 분위기를 풍기는 주방이다

2 주방과 거실을 일자형으로 개방시켜 더욱 넓어 보이는 효과가 있다

3 욕실에는 어두운 그레이 톤의 타일을 혼합 사용해 분위기 있어 보인다

4 방 안에 포함된 욕실은 화려하게 꾸몄다

a 1 | b 2

c 3 | c 4

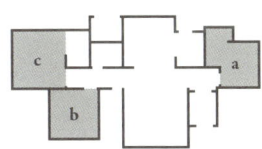

1 손님이 묵는 방에는 그레이 톤 벽지 마감을 사용해 보다 안정감을 준다
2 남편의 취미 공간으로 다양한 활동을 가능하게 한다
3 다른 주택보다 천장을 높게 만들어 특별한 비용을 들이지 않고도 답답함을 감소시켰다
4 세로형의 창은 이 전원주택의 매력 포인트. 창의 모양만으로도 인테리어가 된다

19,935만원

부모님을 위한 마음

37.6평 | 북유럽스타일 | 목조주택 | 설계 2.5개월 | 시공 3.5개월

부모님 두 분이서 거주 가능한 최적의 공간을 계획하고자 했다. 아파트 평면처럼 다양한 요소를 넣는 것이 아니라 최대한 깔끔하면서도 이동공간에 혼선이 생기지 않는 공간 구성이 목표였다. 집의 중심은 가장 많이 활동하는 공간인 거실 및 주방에 두었다. 부모님의 나이가 많은 경우 무릎이 좋지 않아 2층에는 잘 올라가지 않게 되나 이번에는 자녀들이 놀러왔을 때 편히 쉬었다 가게 하기 위한 의도 하에 2층으로 설계하였다. 별도의 침실과 욕실을 계획해 1층과 분리된 휴식공간을 만들어 자녀들 또한 편안해하는 주택이다.

늘게나마
부모님의 집을
지어드리게 됐다는
사연이 담긴 집.
언제 찾아가도
부모님이
반갑게 맞이해주시는
따뜻한 집이다.

1. 집의 이름을 정한다면?

어머니의 꿈

2. 외부 디자인적 포인트는?

포치와 발코니의 볼륨감

3. 인테리어 포인트는?

헤링본 스타일의 아트월

4. 이 집에서 가장 눈여겨봐야 할 점은?

거실과 주방 사이에 있는 매력적인 가벽

5. 키워드로 총평을 내린다면?

ㄷ자형 주방은 어머니의 로망

6. 어디에 지어진 집인가?

충북 충주

7. 이 집의 연 면적은?

115.18㎡

8. 층별 면적은?

2층이며 1층 82.09㎡, 2층 33.09㎡

9. 이 집의 가로/세로 길이는?

가로 13.6m / 세로 9m

10. 몇 명이 거주하는가?

2명

1 매스를 분절시켜 어느 각도에서 봐도 입체적인 외관이 되었다
2 처마를 길게 빼 외벽이 빗물에 오염되는 일을 방지했다
3 주변의 자연경치와 어우러져 나이 든 부모님이 편히 쉴 수 있는 전원주택이다

부모님을 위한 마음

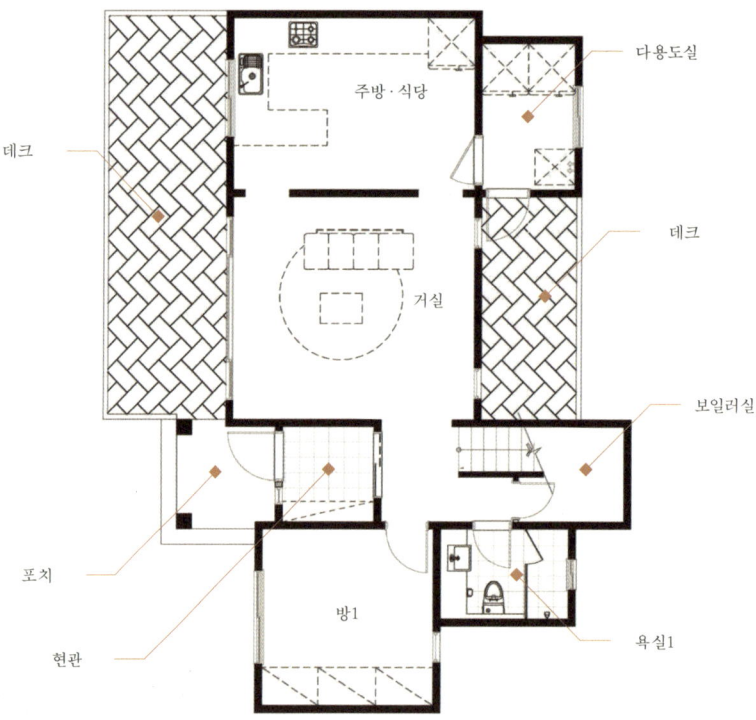

다용도실

데크

주방·식당

데크

거실

보일러실

포치

방1

현관

욕실1

Ground Floor

37.6평형·SCANDINAVIA STYLE

내용	면적	실공사금
전용면적	35.00평	157,500,000
포치	1.30평	2,600,000
석재 데크	10.00평	11,000,000
2층 발코니	1.30평	3,380,000
EPS몰딩	90.00m	1,800,000
파벽돌	65.00㎡	2,275,000
기와	35.00평	12,250,000
창호추가	1.00식	3,000,000
설계비	37.00평	5,550,000
총 금액		**199,355,000**

(단위: 원, VAT 포함)

부모님을 위한 마음

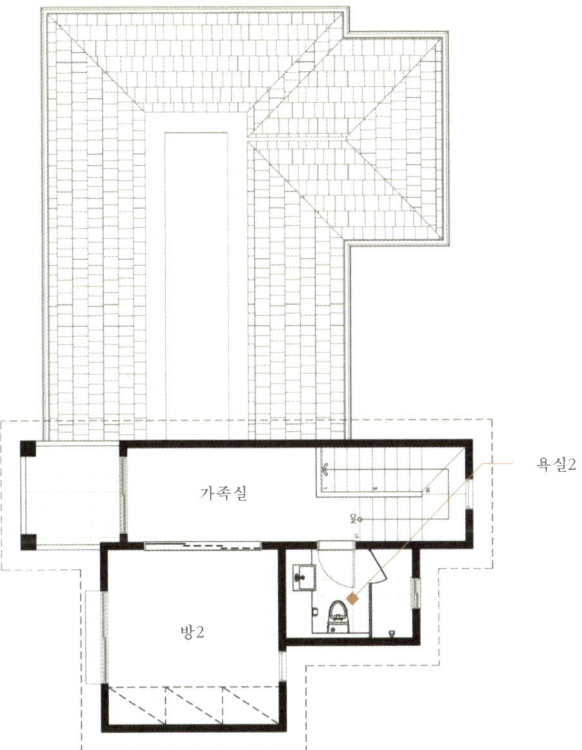

욕실2

가족실

방2

Second Floor

37.6평형·SCANDINAVIA STYLE

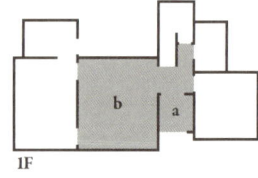

1 3중연동 중문 설치로 출입 공간이 넓어졌다

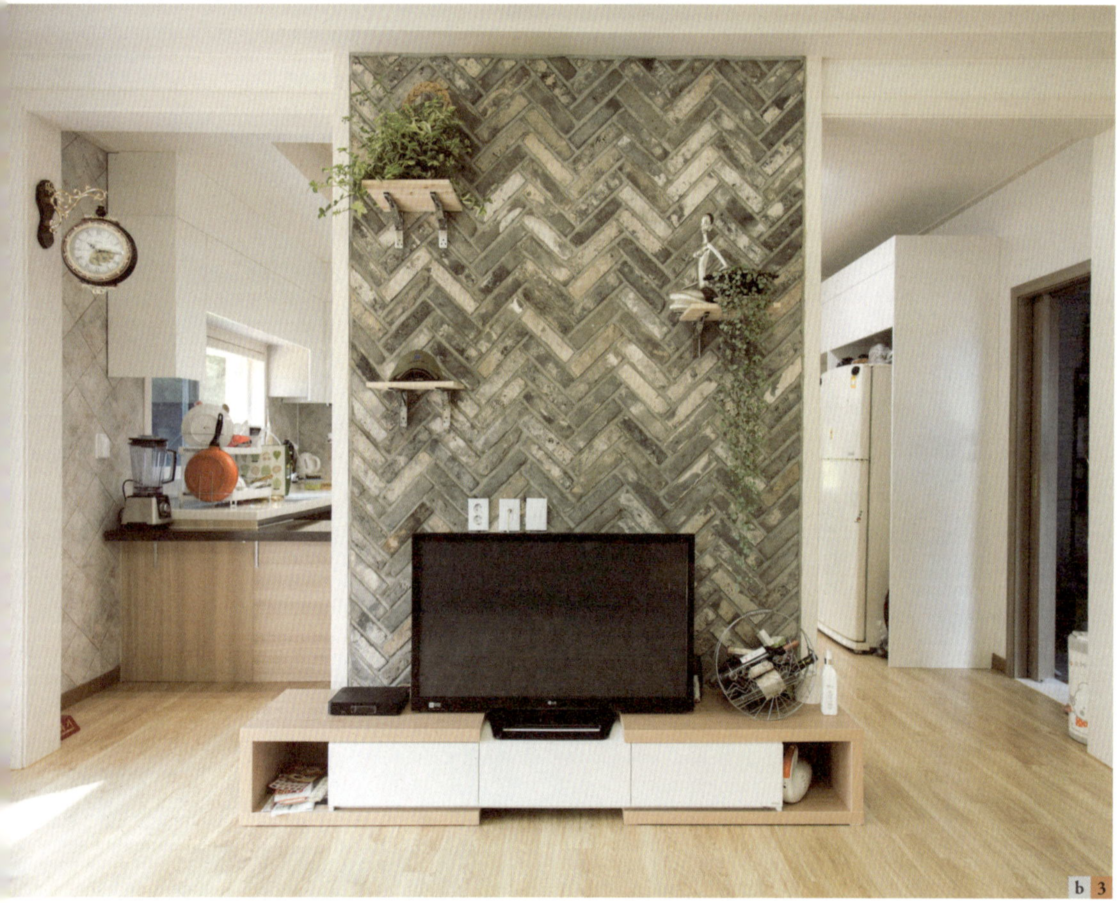

2 4m에 이르는 창은 외부의 자연환경을 집 안으로 끌어들인다

3 헤링본 포인트 아트월만으로도 멋진 거실이 완성됐다

1F

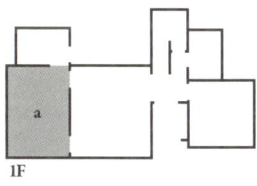

1F

1 ㄷ자형 주방 배치로 동선을 최소화했다
2 깔끔하게 정돈된 주방에서 건축주의 꼼꼼함이 느껴진다
3 식탁을 싱크대와 연결시켜 불필요한 공간을 줄였다
4 주방 조명은 LED로 어두운 곳 없이 곳곳을 환히 밝힌다

a 1   b 2   b 3   c 4

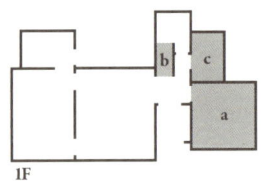

1F

1 고급스러운 하이그로시와 우드 포인트로 이루어진 붙박이장은 이 방의 특징이다

2 계단실에 창문과 조명을 설치해 밝게 꾸몄다

3 2층 복도를 넓혀 가족실로 만들었다. 안쪽까지 채광이 들어와 환하다

4 화이트 도기와 돌 느낌이 나는 타일은 고급스러움과 시크함을 동시에 충족시킨다

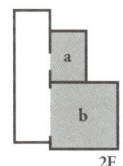

2F

1 자칫 밋밋해 보일 만한 욕실에 포인트 타일을 시공해 독특한 분위기를 연출했다

2 미닫이문 설치로 2층은 전통적인 느낌이 든다. 고급스러움 또한 배가된다

3 계단 쪽 창문과 함께 바람이 잘 통하게 만들어 여름에도 에어컨이 필요 없다

4 미닫이문을 열면 2층 가족실과 연결된다. 손님이 많으면 문을 열어 공간을 넓게 활용한다

19,960만원

마당의 빗소리가 정겨운 집

37평 | 모던스타일 | 목조주택 | 설계 3.5개월 | 시공 3.5개월

최근에는 실용성을 강조한 모던 스타일의 주택 디자인이 유행하고 있다. 젊은 층뿐만 아니라 나이 지긋한 분들도 클래식한 주택, 북유럽 스타일의 주택에서 탈피해 군더더기 없이 깔끔한 주택을 찾는다. 예전에는 '벽돌을 쌓아야 튼튼하고 철근콘크리트로 지어야 집이 오래간다'고 생각했으나 실상 이 이론은 맞지 않다. 물론 벽돌 자체가 가진 성질 때문에 외부 충격에 강하긴 하나 외관을 모두 벽돌로 쌓아버리게 되면 집 외부에 비싼 옷을 입히게 되는 것이기 때문에 가격 대비 효율성 측면에서 아쉬운 점이 있다. 그래서 이번 주택 설계는 '유지관리가 편해야 한다'에 집중하였다.

1. **집의 이름을 정한다면?**
   모던 + 유니크

2. **외부 디자인적 포인트는?**
   외쪽지붕의 경사도

3. **인테리어 포인트는?**
   외쪽지붕 아래 거실 1층 오픈

4. **이 집에서 가장 눈여겨봐야 할 점은?**
   실내 공간처럼 활용 가능한 2층 테라스

5. **키워드로 총평을 내린다면?**
   비가 내리길 기다려지는 집

6. **어디에 지어진 집인가?**
   경기 여주

7. **이 집의 연 면적은?**
   107.64㎡

8. **층별 면적은?**
   2층이며 1층 76.47㎡, 2층 31.17㎡

9. **이 집의 가로/세로 길이는?**
   가로 11.7m / 세로 7.3m

10. **몇 명이 거주하는가?**
    3명

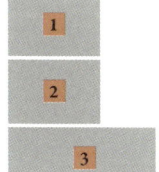

1 집의 배면. 심플함이 모던함을 부각시킨다
2 지붕의 경사도를 각각 달리해 외쪽지붕의 매력을 느낄 수가 있다
3 30평 규모의 2층 집. 블랙 랩핑한 창 자체가 포인트다

마당의 빗소리가 정겨운 집

데크

다용도실

주방·식당

거실

창고

욕실1

포치

현관

방1

드레스룸

Ground Floor

37평형 · MODERN STYLE

내용	면적	실공사금
전용면적	32.50평	146,250,000
포치	2.00평	4,000,000
목재 데크	4.00평	2,800,000
2층 발코니	2.50평	6,500,000
다락방	3.50평	10,500,000
EPS몰딩	50.00㎡	1,000,000
파벽돌	15.00㎡	525,000
리얼징크	32.50평	9,750,000
적삼목 포인트	10.00㎡	350,000
1층 오픈천장	1.00식	5,000,000
굴뚝	1.00식	1,000,000
창호추가	1.00식	5,500,000
창호 블랙 랩핑	1.00식	875,000
설계비	37.00평	5,550,000
총 금액		**199,600,000**

(단위: 원, VAT 포함)

마당의 빗소리가 정겨운 집

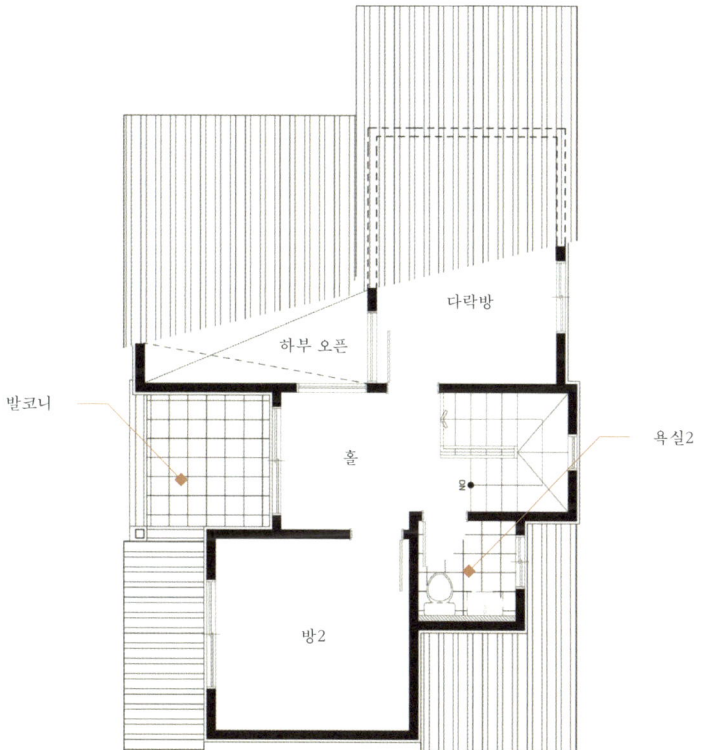

다락방

하부 오픈

발코니

홀

욕실2

방2

Second Floor

37평형 · MODERN STYLE

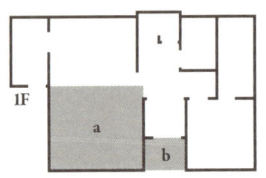

1 우드 블라인드와 러그는 집 안의 분위기를 따뜻하게 만들어준다

2 1평 정도의 포치를 적용해 비가 와도 안쪽으로 빗물이 들이치지 않는다

3 아트월 상부에 선반을 설치해 다양한 인테리어 소품을 전시하도록 했다

4 사선으로 올라가는 거실 오픈 천장은 이 집의 개성을 더욱 북돋아준다

a 1   b 2

a 3

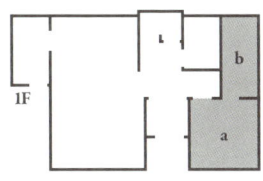

1F

1 화이트 톤의 벽지 마감에 우드 블라인드 적용은 따뜻한 분위기를 만들어준다

2 별도의 드레스룸을 설치해 잡다한 짐들이 수납 가능하다

3 햇볕이 들어오게끔 창을 배치해 취미 공간을 부각시킨다

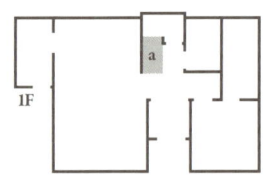

1 세로형 창을 설치해 계단실이 항상 밝다

2 계단 발판은 멀바우 재질로 만들어 멋스럽게 꾸몄다

3 앤티크한 조명을 달아 집 안에서도 운치 있는 풍경을 만들어낸다

1F

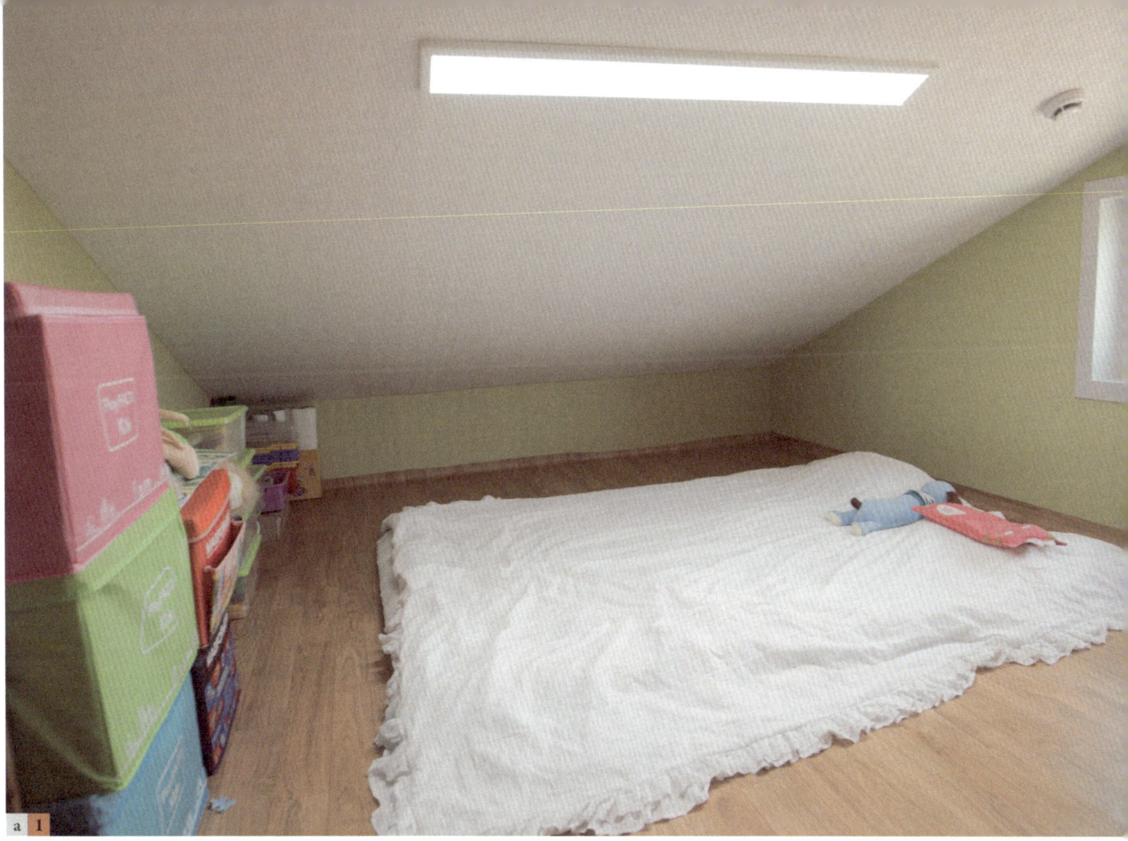

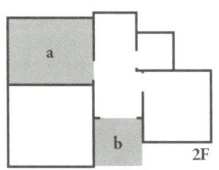

2F

1 다락방은 아이들 놀이방으로 활용 가능하다
2 2층 발코니에 창을 달아 아이들 서재로 꾸몄다
3 다락방은 아이들의 상상력이 현실이 되는 공간이다

내가 꿈꾸던 집

LOVE

—

40 · 50
60 · 70

—

평형대 집짓기

내 삶에 딱 맞는 집

20,238만원

4인 가족을 위한 집

41.6평 │ 모던스타일 │ 목조주택 │ 설계 3.5개월 │ 시공 3.5개월

비용을 절약하면서 원하는 공간 요소들을 밸런스 있게 구성한 실속형 주택이다. 모던한 느낌의 박스형 매스, 데드스페이스를 최소화하는 사각형 평면 구성으로 자연스럽게 넓은 마당을 확보하였다. 이 주택의 가장 큰 매력은 군더더기가 없다는 점과 화려하진 않지만 집 자체의 멋이 살아있다는 점이 아닐까 싶다. 아이들이 강아지들과 함께 앞마당에서 뛰어놀 때 이 집의 매력이 가장 부각된다.

1. **집의 이름을 정한다면?**

   밸런스를 갖춘 실속형 집

2. **외부 디자인적 포인트는?**

   화이트 톤의 군더더기 없는 외관

3. **인테리어 포인트는?**

   월넛 재질의 포인트와

   화이트 벽지의 조화

4. **이 집에서 가장 눈여겨봐야 할 점은?**

   헤링본 스타일의 마루

5. **키워드로 총평을 내린다면?**

   외부는 깨끗하게, 내부는 고급스럽게

6. **어디에 지어진 집인가?**

   경기도 광주

7. **이 집의 연 면적은?**

   127.06㎡

8. **층별 면적은?**

   2층이며 1층 62.78㎡, 2층 64.28㎡

9. **이 집의 가로/세로 길이는?**

   가로 8.6m / 세로 7.6m

10. **몇 명이 거주하는가?**

    4명

1 모던함을 극대화한 입면이다. 박스형 매스로 데드스페이스를 최소화했다

2 이보다 더 심플할 수는 없다. 창문과 벽만 있어도 멋진 집이 될 수 있음을 보여주는 전원주택
이다

3 배면도 일자형 평면으로 구성해 매스 분절을 최소화했다. 외쪽지붕의 적용으로 모던함을 더
더욱 극대화시켰다

4인 가족을 위한 집

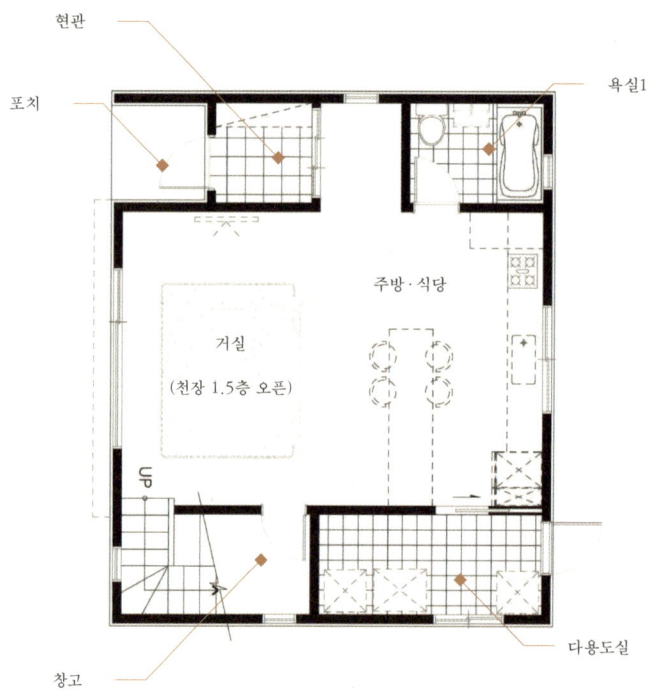

현관

포치

욕실1

주방·식당

거실
(천장 1.5층 오픈)

UP

창고

다용도실

Ground Floor

41.6평형·MODERN STYLE

내용	면적	실공사금
전용면적	38.50평	173,250,000
포치	1.30평	2,600,000
목재 데크	5.00평	3,500,000
2층 발코니	1.80평	4,680,000
1.5층 오픈천장	1.00식	9,000,000
창호추가	1.00식	3,200,000
설계비	41.00평	6,150,000
총 금액		**202,380,000**

(단위: 원, VAT 포함)

田園住宅 設計圖 012
COUNTRY HOUSE FLOOR PLAN 012

4인 가족을 위한 집

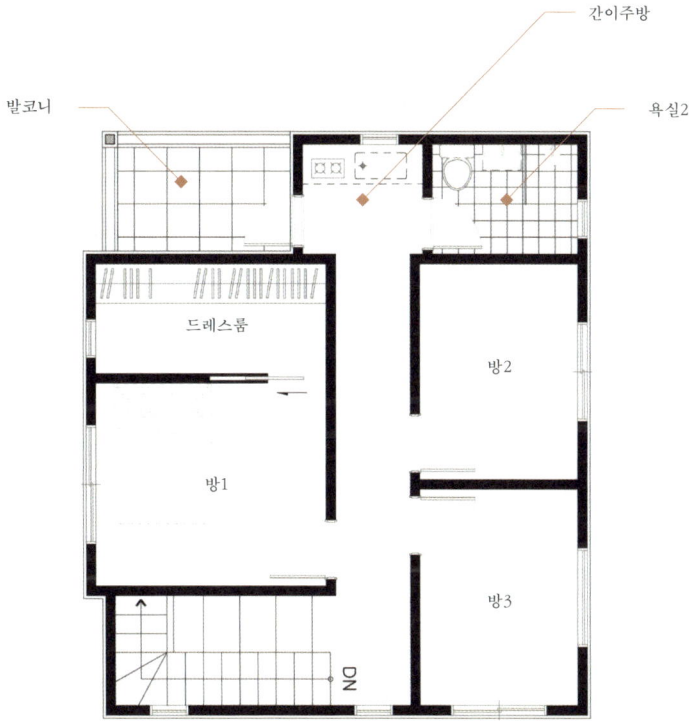

간이주방

발코니

욕실2

드레스룸

방2

방1

방3

DN

Second Floor

41.6평형 · MODERN STYLE

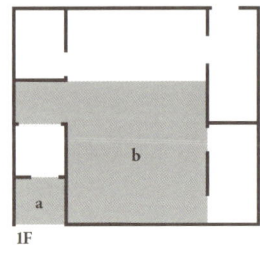

1F

1 스틸단열도어 적용으로 현관에서부터 단열을 잡아주었다. 화이트 톤의 외벽마감에 디자인된
  현관도어는 예술작품이 걸려있는 듯한 착각을 일으킨다

2 나무 마감의 아트월과 천장의 나무 서까래는 이 집의 분위기를 책임진다

3 헤링본 스타일의 바닥 마감과 계단, 천장의 서까래 포인트는 통일감이 있어 안정감을 준다

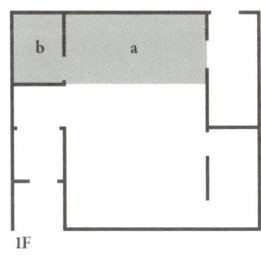
1F

1 나무 마감된 가벽 또한 거실의 서까래에 이어 친환경적인 느낌을 준다
2 화이트 톤의 주방 가구는 나무 계열의 인테리어와 잘 어울린다
3 독특한 타일과 화이트 톤의 도기는 심플한 매력을 불러일으킨다
4 매립등 설치와 LED등 적용으로 모든 공간이 밝다

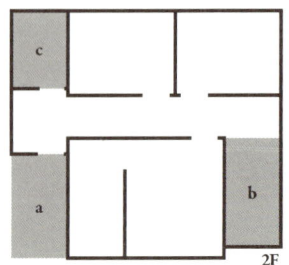

1 2층 발코니는 외부의 벚꽃을 감상하기에 최적의 장소다

2 마치 갤러리에 와 있는 듯한 느낌을 주는 계단실이다

3 벽과 도기는 화이트 톤으로 결정하고 한쪽 벽을 과감하게 유럽풍 포인트 타일로 시공해 이국
  적인 분위기가 풍긴다

4 화이트 톤 배치로 깔끔한 분위기를 배가시킨다

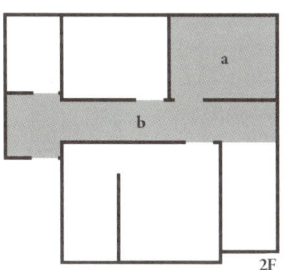

2F

1 자녀의 방은 핑크색으로 꾸몄으며 조망을 볼 수 있는 가로형 창과 채광을 위한 남쪽 창은 모든 공간을 환하게 밝혀준다

2 복도에서 계단을 통해 다락방으로 올라갈 수 있는 통로가 생겨난다

3 외국의 전원주택을 연상시키는 복도 공간이다

4 2층에 간이주방을 마련해 가벼운 티타임을 즐길 수 있도록 하였다

22,115만원

여자의 감성을 담다

45평 | 모던스타일 | 목조주택 | 설계 3개월 | 시공 3.5개월

'나만의 아름다움을 갖고 싶다'는 여자의 마음이 집에 표현되었다. 고벽돌이 가지는 순수성
과 오랜 연륜, 징크의 모던함과 회색빛 포인트의 조합은 마치 과거와 현재의 감성을 모두 감싸
안은 것만 같다.

여자의 감성을
자극하는 전원주택.
요소요소마다
디테일한 감각이
살아있다.
고벽돌의 클래식함과
징크가 주는 시크함이
잘 어우러진다.

1. **집의 이름을 정한다면?**
   클래식 + 시크
2. **외부 디자인적 포인트는?**
   옛 느낌의 고벽돌과 현대적 느낌의 징크
3. **인테리어 포인트는?**
   군더더기 없는 화이트 인테리어
4. **이 집에서 가장 눈여겨봐야 할 점은?**
   지붕 있는 1층 테라스
5. **키워드로 총평을 내린다면?**
   비싼 만큼의 가치가 있는 고벽돌 마감
6. **어디에 지어진 집인가?**
   경기도 광주
7. **이 집의 연 면적은?**
   125.64㎡
8. **층별 면적은?**
   2층이며 1층 64.53㎡, 2층 61.11㎡
9. **이 집의 가로/세로 길이는?**
   가로 13.2m / 세로 6.6m
10. **몇 명이 거주하는가?**
   4명

1 고벽돌과 징크의 조화가 시선을 사로잡는다
2 주물로 제작한 단조난간을 설치해 외장 마감재인 징크와 유기적으로 연결되는 느낌을 줄 수 있도록 했다
3 박스형 입면에 외쪽지붕 그리고 고벽돌과 징크의 컬래버레이션. 작은 평수인데도 불구하고 웅장하다

田園住宅 設計圖 013
COUNTRY HOUSE FLOOR PLAN 013

여자의 감성을 담다

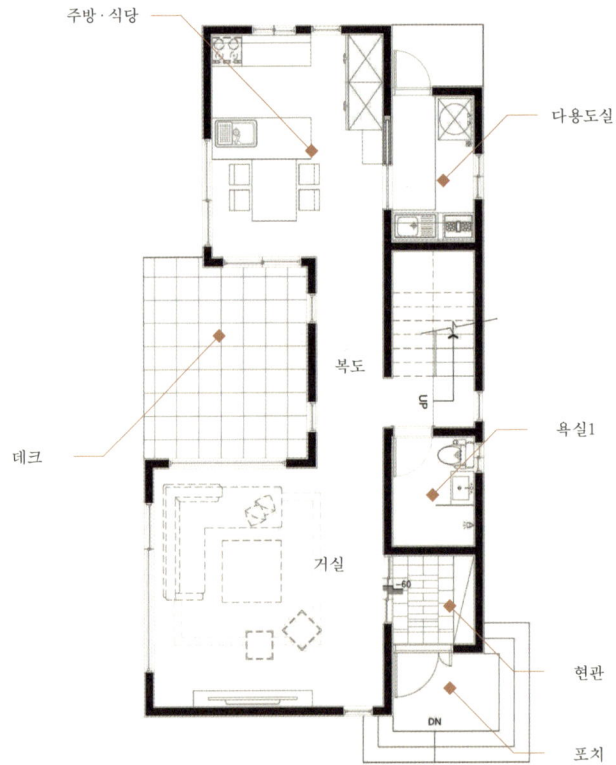

주방·식당
다용도실
복도
데크
욕실1
거실
현관
포치
DN

Ground Floor

45평형·MODERN STYLE

내용	면적	실공사금
전용면적	38.00평	171,000,000
포치	1.00평	2,000,000
2층 발코니	6.00평	15,600,000
외부 평철난간	18.00m	1,800,000
파벽돌	220.00m²	7,700,000
리얼징크	125.00m²	9,500,000
창호	1.00식	5,300,000
창호추가(블랙 랩핑 포함)	1.00식	1,500,000
설계비	45.00평	6,750,000
총 금액		**221,150,000**

(단위: 원, VAT 포함)

여자의 감성을 담다

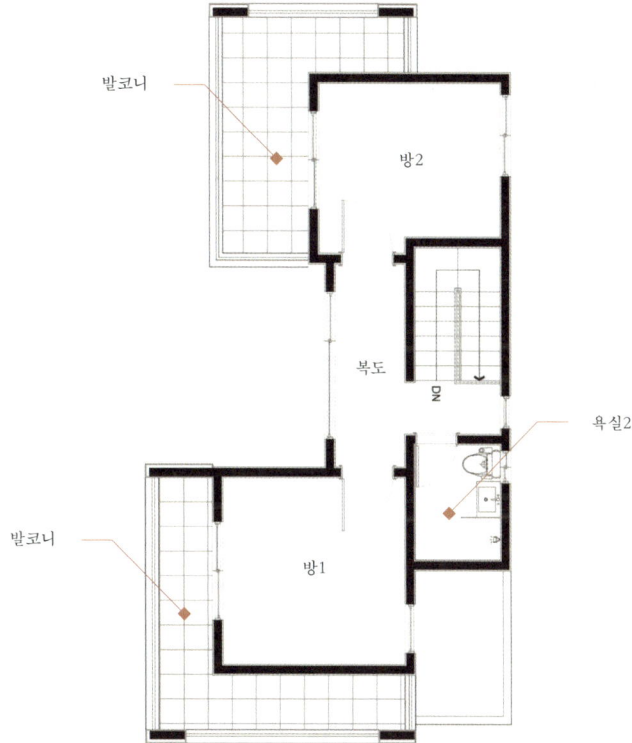

발코니

방2

복도

DN

욕실2

발코니

방1

Second Floor

45평형 · MODERN STYLE

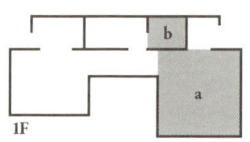

1F

1 가구를 제외하곤 최대한 색을 빼고자 했다. 가구가 인테리어의 포인트기 때문이다

2 크지는 않지만 동쪽으로 난 창문이 집 안 전체의 채광을 책임진다

3 반드시 있어야 할 것만 배치해 욕실을 심플하게 하였다

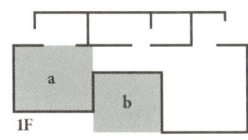

1 ㄷ자형 싱크대로 동선을 최소화시킨다

2 주방에서 이어지는 데크는 가든파티를 하기에 최적화되어 있다

3 정면과 측면이 모두 창문이다. 어디를 바라보아도 따스한 햇살과 마주할 수 있다

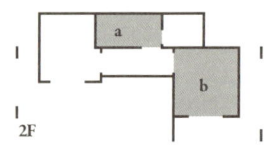

2F

1 큐브 모양의 포인트 조명이 계단실을 유니크하게 만들어준다

2 복도에 책장을 시공했다

3 군더더기 없는 화이트 톤으로 구성해 방 전체가 환해 보인다

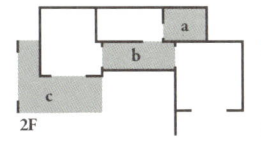

2F

1 유럽풍의 바닥 타일 마감으로 이국적인 분위기를 풍기게끔 하였다

2 화이트 톤의 방문, 창틀 또한 화이트로 마감해 집 안의 인테리어 전체가 통일감을 준다

3 2층 발코니에서 내려다보이는 조망은 지친 심신을 회복시켜준다

4 2층 발코니 바닥을 나무 데크로 마감하고 단조난간으로 시공해 외벽의 징크와 조화를 이룰
  수 있게 했다

23,391만원

분위기를 그려 넣다

44.5평 | 북유럽스타일 | 목조주택 | 설계 3개월 | 시공 3.5개월

언제 봐도 따뜻함이 묻어나는 곳, 언제나 나를 반겨주는 집, 그런 집을 갖고 싶었다. 하루가 시작될 때 창가로 들어오는 햇볕이 집을 감싸 안는다. 어릴 적부터 포근한 집을 꿈꾸던 아이가 성장해 부모님을 위한 공간을 선물했다. 은은하게 빛나는 외관. 분위기만으로도 이미 마을의 자랑이 되었다.

원래 살던 집을 허물고
새로이 지었다.
꿈꿔왔던 주황빛
기와가 올라간 집.
따뜻한 남쪽의
햇살을 잔뜩 머금은 집.
언제 봐도 정겨운
집이다.

1. **집의 이름을 정한다면?**
   언제나 나를 반겨주는 집
2. **외부 디자인적 포인트는?**
   주황빛 기와의 무게감
3. **인테리어 포인트는?**
   주방 식탁 위의 포인트 조명
4. **이 집에서 가장 눈여겨봐야 할 점은?**
   앤티크한 주방
5. **키워드로 총평을 내린다면?**
   분위기 끝판왕
6. **어디에 지어진 집인가?**
   강원 평창
7. **이 집의 연 면적은?**
   142.32㎡
8. **층별 면적은?**
   단층이며 1층 125.82㎡, 창고 16.50㎡
9. **이 집의 가로/세로 길이는?**
   가로 12.3m / 세로 11.7m
10. **몇 명이 거주하는가?**
   2명

1 현관으로 들어가는 포치를 둥글게 하여 그리스 신전에 들어가는 느낌을 주게끔 하였다
2 올라가는 계단을 슬로프 형태로 만들어 휠체어도 쉽게 올라갈 수 있게 하였다
3 주황색 변색 기와에 아이보리색 외벽 마감 자체만으로도 충분히 조화를 이룬다

분위기를 그려 넣다

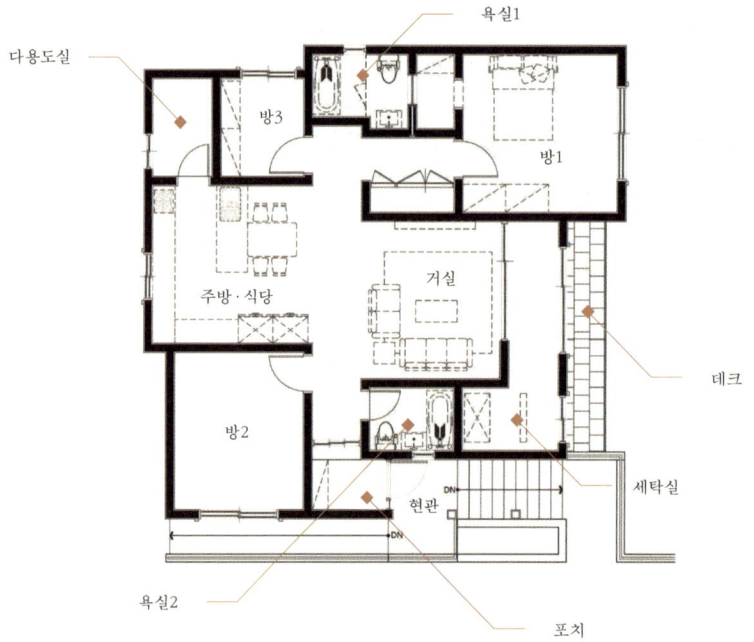

다용도실

욕실1

방3

방1

주방 · 식당

거실

데크

방2

세탁실

현관

DN

욕실2

포치

Ground Floor

44.5평형 · SCANDINAVIA STYLE

내용	면적	실공사금
전용면적	43.00평	193,500,000
포치	1.50평	3,000,000
석재 데크	8.00평	8,800,000
EPS몰딩	50.00m	1,000,000
파벽돌	40.00m^2	1,400,000
기와	43.00평	15,910,000
창호추가	1.00식	3,000,000
3중연동도어	1.00식	700,000
설계비	44.00평	6,600,000
총 금액		**233,910,000**

(단위: 원, VAT 포함)

a 1
b 3

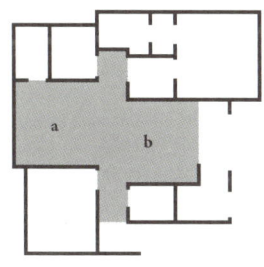

1 식탁 위 고급스러운 클래식 조명으로 주방 분위기는 더욱 아늑해졌다
2 후드를 오픈해 모던한 느낌이 들도록 디자인했다
3 복도에 간접조명을 설치해 어두울 수 있는 경계면을 밝게 만들었다

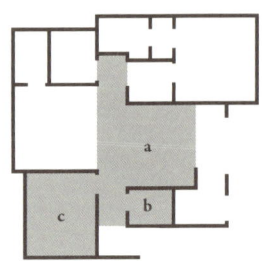

1 오래전부터 가지고 있었던 탁자와 액자의 인테리어 매치는 건축주의 뛰어난 감각을 보여준다

2 천연 돌 느낌의 타일 마감을 선택해 고급스러움이 배가되었다

3 별도의 책장 없이 벽에 선반을 설치해 상장 및 액자를 배치시켰다

1 창문 밖으로 보이는 푸르른 나무는 아침을 더욱 상쾌하게 만든다

2 방의 욕실 통로를 라운드로 디자인했다

3 방에 포함된 욕실은 대리석 느낌의 타일 마감을 사용했다.

4 지친 하루를 끝낸 뒤 뜨거운 물에 몸을 담그고 휴식을 취할 수 있도록 욕조를 설치했다

23,539만원

동네 사랑방을 품다

49.6평 | 모던스타일 | 목조주택 | 설계 3개월 | 시공 3.5개월

"누구나 부담 없이 방문하고 놀다가는 곳, 우리 집이 그런 사랑방 같은 곳이었으면 한다."
원래 살던 곳과 새로 짓는 집이 같은 공간에 존재했으면 하는 소망 아래 집이 지어졌다. 30년
이상 된 고택이지만 그 운치가 지나간 세월만큼의 인자함을 준다. 그런 오랜 집 앞에 듬직한
아들 같은 새 주택이 들어섰다. 든든하면서도 사람들을 다시 불러들일 수 있는 곳, 적막함보
다는 웃음꽃이 피는 곳이 되었다.

1. **집의 이름을 정한다면?**
   동네 사랑방을 품은 집

2. **외부 디자인적 포인트는?**
   징크로 마감한 2층 발코니

3. **인테리어 포인트는?**
   우드로 마감된 포인트들

4. **이 집에서 가장 눈여겨봐야 할 점은?**
   거실 천장의 나무 서까래

5. **키워드로 총평을 내린다면?**
   동네 사람들의 자랑거리

6. **어디에 지어진 집인가?**
   충남 홍성

7. **이 집의 연 면적은?**
   142.20㎡

8. **층별 면적은?**
   2층이며 1층 75.12㎡, 2층 67.08㎡

9. **이 집의 가로/세로 길이는?**
   가로 12.3m / 세로 8.4m

10. **몇 명이 거주하는가?**
    7명

1 볼륨감 있는 입면 디자인. 포인트 최소화가 오히려 최대의 외장 효과를 가져왔다
2 배면이 깔끔하다
3 100년 된 한옥과 매치되는 모습이 아름답다. 정갈한 외관 디자인이 어느 각도로 보든지 간에 매력적이다

동네 사랑방을 품다

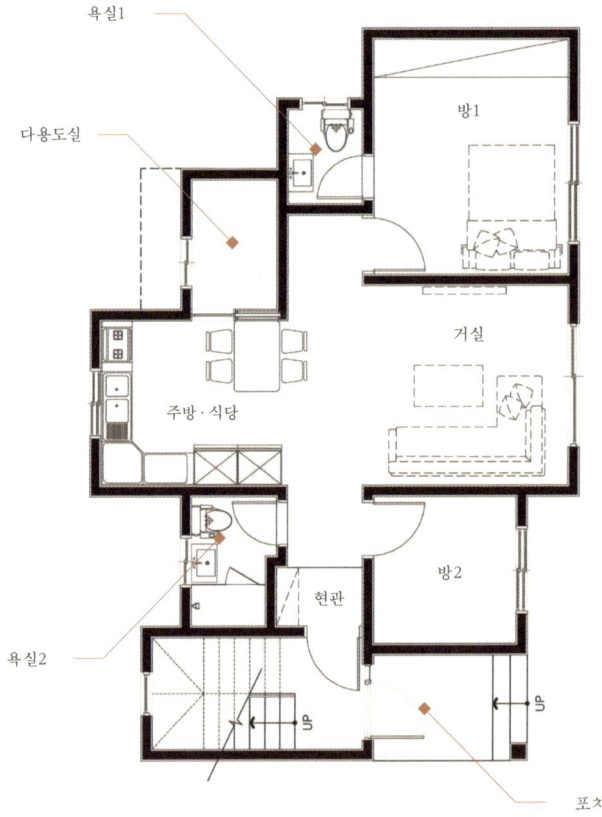

Ground Floor

49.6평형 · MODERN STYLE

내용	면적	실공사금
전용면적	43.00평	193,500,000
포치	1.50평	3,750,000
목재 데크	6.00평	4,200,000
2층 발코니	1.50평	3,750,000
다락방	3.60평	7,920,000
EPS몰딩	40.00m	800,000
파벽돌	35.00㎡	1,225,000
리얼징크(외벽)	11.00㎡	3,000,000
창호추가	1.00식	4,900,000
욕실	2.00식	5,000,000
설계비	49.00평	7,350,000
총 금액		**235,395,000**

(단위: 원, VAT 포함)

동네 사랑방을 품다

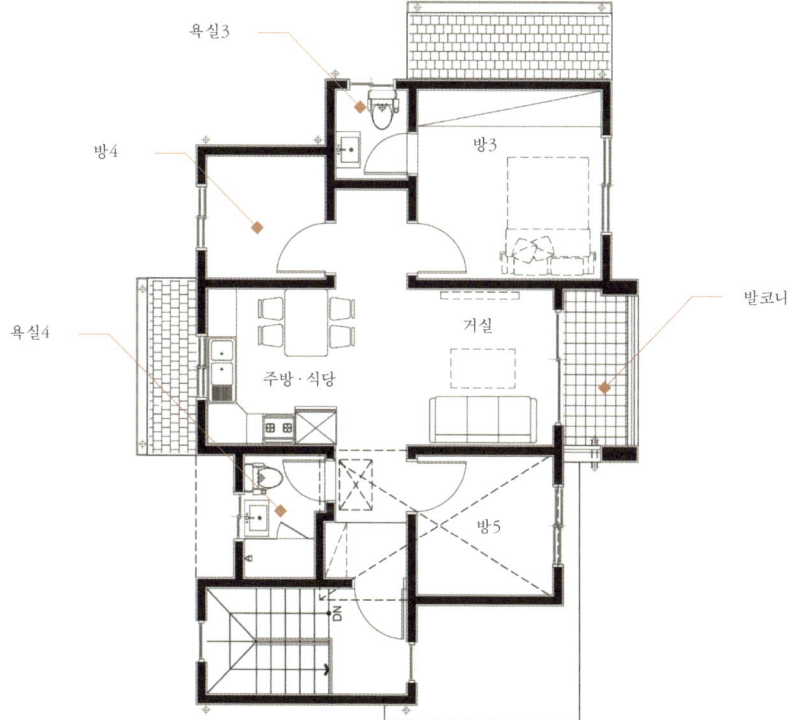

욕실3

방4

욕실4

방3

발코니

주방·식당

거실

방5

DN

Second Floor

49.6평형 · MODERN STYLE

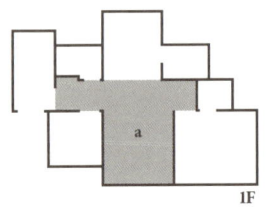

1 화이트 톤의 벽에 액자를 걸어두니 포인트가 살아 있다

2 거실과 주방을 하나의 공간으로 틔우고 복도와 동선을 같이하게 만들었다

3 넓지도 좁지도 않은 거실이 완성되었다

1F

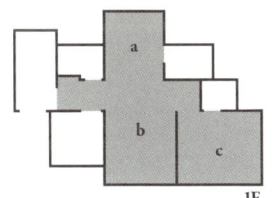

1F

1 주방은 앤티크한 분위기의 화이트 싱크대로 마무리했다. 연한 그레이 톤의 타일과 매치가 잘 되었다

2 매립등을 사용해 어두울 수 있는 공간에도 빛을 부여하였다

3 침실은 밝아야 한다. 큰 창을 통해 들어오는 햇살이 방을 환하게 만든다

4 군더더기 없는 거실은 깔끔함과 정갈함을 배가시킨다

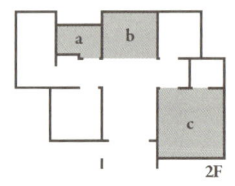

1 나무 무늬의 바닥 타일과 잘 매치되는 화장실

2 주방에는 창문을 배치해 환기도 잘 되고 밝은 공간으로 만들었다

3 블루 톤의 벽지는 안정감을 준다. 스타일을 통일한 원목가구가 방의 분위기를 한층 업시켜준다

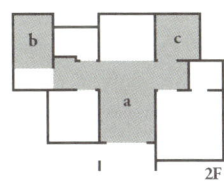

1 창으로 들어오는 햇살이 거실의 분위기를 포근하게 만들어준다
2 밝은 멀바우 재질의 계단재를 사용해 포근한 분위기는 배가된다
3 꿈이 자라나는 공간인 놀이방에 아이 사진을 넣은 블라인드와 나무 그림이 들어간 벽지로 아이의 감성을 자극한다
4 아이의 짐이 많기 때문에 다락방은 수납용도로 사용한다

26,482만원

취향 저격 감성 하우스

58.3평 | 북유럽스타일 | 목조주택 | 설계 3개월 | 시공 3.5개월

최근 들어 젊은 건축주들이 본격적으로 전원주택을 짓기 시작했다. 박스형보다는 마당을 활용할 수 있는 직사각형 모양으로 배치했으며 포치와 발코니를 활용해 이국적인 분위기를 배가시켰다. 집 자체에서 따뜻한 감수성이 느껴지는 만큼 앞으로는 그 매력을 마음껏 누리면서 살 일만 남았다.

1. 집의 이름을 정한다면?
취향 저격 감성 하우스

2. 외부 디자인적 포인트는?
포치로 이어지는 입면의 볼륨감

3. 인테리어 포인트는?
높은 거실 천장과 다락 공간

4. 이 집에서 가장 눈여겨봐야 할 점은?
거실과 주방의 오픈 공간

5. 키워드로 총평을 내린다면?
공간 활용의 끝을 보여주다

6. 어디에 지어진 집인가?
강원 평창

7. 이 집의 연 면적은?
155.01㎡

8. 층별 면적은?
2층이며 1층 107.76㎡, 2층 47.25㎡

9. 이 집의 가로/세로 길이는?
가로 18.4m / 세로 9.9m

10. 몇 명이 거주하는가?
2명

1 가로로 길게 뻗은 전원주택의 평면은 집의 입면을 웅장하게 만든다
2 뒷산과의 조화가 아름답다. 외벽 디자인을 정갈하게 마감하였다
3 1층 포치와 2층 발코니가 매우 매력적이다

취향 저격 감성 하우스

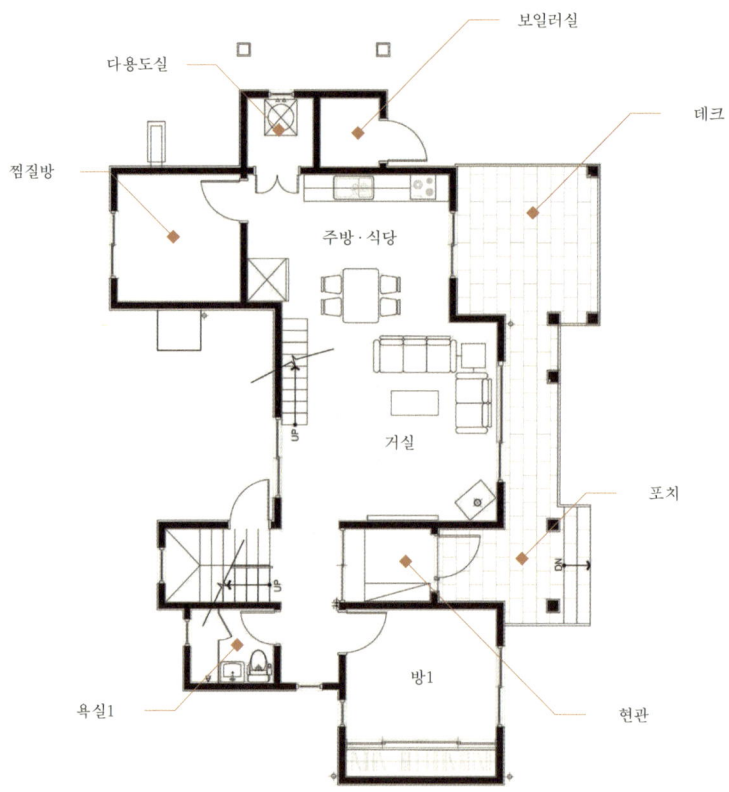

보일러실

다용도실

데크

찜질방

주방·식당

포치

거실

욕실1

방1

현관

Ground Floor

58.3평형·SCANDINAVIA STYLE

내용	면적	실공사금
전용면적	42.00평	189,000,000
포치	7.00평	14,000,000
2층 발코니	4.30평	11,180,000
다락방	5.00평	15,000,000
파벽돌	40.00m^2	1,400,000
기와	42.00평	15,540,000
1.5층 오픈천장	1.00식	9,000,000
벽난로 굴뚝	1.00식	1,000,000
설계비	58.00평	8,700,000
총 금액		**264,820,000**

(단위: 원, VAT 포함)

취향 저격 감성 하우스

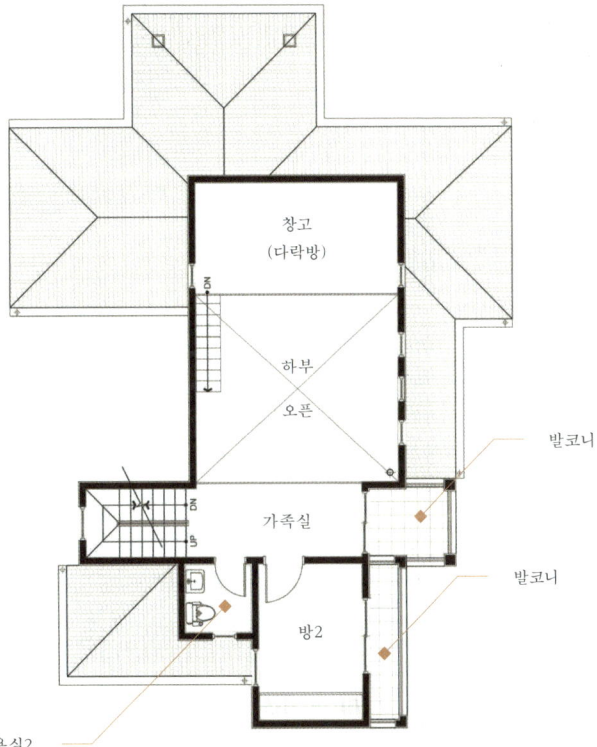

창고
(다락방)

하부
오픈

발코니

가족실

발코니

방2

욕실2

Second Floor

58.3평형 · SCANDINAVIA STYLE

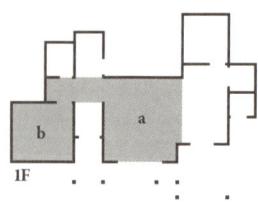

1 거실의 높은 천장은 시원한 여름을 보내기에 안성맞춤이다

2 연둣빛의 벽지를 사용해 마음의 안정감을 줄 수 있도록 하였다

3 다락을 오픈 공간으로 만들었다. 계단은 벽 쪽에 붙였다

4 많은 손님들이 오더라도 모두 앉아서 식사할 수 있도록 주방공간을 넉넉하게 만들었다

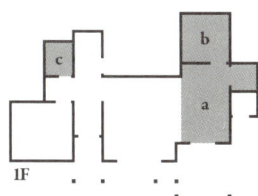

1F

1 그레이 톤의 피아노도장 싱크대로 매력점을 최대한으로 끌어올렸다

2 편백나무로 마감된 하부 포인트는 심플하면서도 친환경적이다

3 가족들만을 위한 식사 공간. 거실에서 보이지 않게 배치되어 식사에만 온전히 집중할 수 있다

4 벽에 부착하는 형태의 세면대로 욕실의 깔끔함을 더했다. 욕실에도 난방 배관이 지나가게 해
   쉽게 물이 말라 관리가 편하다

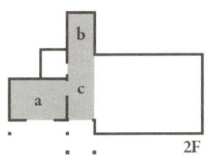

1 스카이블루 벽지 적용과 별모양의 조명을 매치해 게스트룸을 완성시켰다
2 계단에서 이어지는 가족실 공간은 책을 읽기에 안성맞춤이다
3 조명과 창문을 통해 밝은 계단실을 완성시켰다

2F

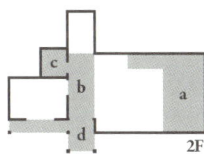

2F

1 2층 다락방은 지붕의 경사도를 살려 마감을 진행했다

2 선반과 바닥에 대리석 느낌이 나는 타일로 마감하였다. 벽은 깔끔하게 마감하되 일부분만 포
  인트를 주어 심플함이 부각된다

3 2층 발코니로 나가는 문은 시스템창호로 계획해 단열 부분을 책임진다

4 2층 발코니는 외벽을 따라 안쪽 깊숙이 걸어 들어갈 수 있도록 설계했다. 가족 모두가 난간에
  팔을 기대어 차 한 잔 마실 수 있는 공간이다

26,579만원

북유럽 전통 스타일의 전원주택

54평 | 북유럽스타일 | 목조주택 | 설계 3개월 | 시공 3.5개월

경북 영천의 아름다운 마을. 고즈넉한 산들에 둘러싸인 이 마을은 마치 다른 세상처럼 느껴진다. 삶의 여유가 담긴 북유럽 스타일을 집 곳곳에 표현하고자 했다. 아름다운 자연경관과 잘 어울리는 주황빛 기와 그리고 밝은 외관. 어두운 느낌을 버리고 밝은 느낌을 최대한 살렸다. 그 결과 현대적인 공간과 예스러움이 잘 어우러진 집이 탄생했다.

1. 집의 이름을 정한다면?

고즈넉한 마을의 따뜻한 전원주택

2. 외부 디자인적 포인트는?

주황빛 기와와 하단부 벽돌

3. 인테리어 포인트는?

거실과 오픈된 주방 공간

4. 이 집에서 가장 눈여겨봐야 할 점은?

욕실

5. 키워드로 총평을 내린다면?

곳곳에 깃든 북유럽 감성

6. 어디에 지어진 집인가?

경북 영천

7. 이 집의 연 면적은?

156.36㎡

8. 층별 면적은?

2층이며 1층 105.18㎡, 2층 51.18㎡

9. 이 집의 가로/세로 길이는?

가로 15.9m / 세로 8.2m

10. 몇 명이 거주하는가?

4명

북유럽 전통 스타일의
전원주택.
남향으로
크게 나 있는 창들은
집 안으로
밝은 햇살을 끌어들이며
생동감을 제공한다.

1 푸른 하늘과 구름 그리고 주황빛 기와의 전원주택은 그 자체로 설렘을 가져다준다
2 1층의 포치와 2층의 발코니를 연계해 외관적으로 더 커 보이는 입면을 완성했다
3 박공지붕 위에 올라간 주황빛 기와는 경북 영천의 랜드마크가 되었다

북유럽 전통 스타일의 전원주택

데크

데크

주방·식당

다용도실

현관

거실

보일러실

포치

욕실1

방1

방2(온돌)

데크

Ground Floor

54평형·SCANDINAVIA STYLE

내용	면적	실공사금
전용면적	47.00평	211,500,000
포치	1.00평	2,500,000
목재 데크	7.00평	4,500,000
2층 발코니	1.00평	2,600,000
다락방	4.00평	12,000,000
EPS몰딩	90.00m	1,800,000
파벽돌	40.00㎡	1,400,000
기와	47.00평	17,390,000
벽난로 굴뚝	1.00식	1,000,000
창호추가	1.00식	3,000,000
설계비	54.00평	8,100,000
총 금액		**265,790,000**

(단위: 원, VAT 포함)

북유럽 전통 스타일의 전원주택

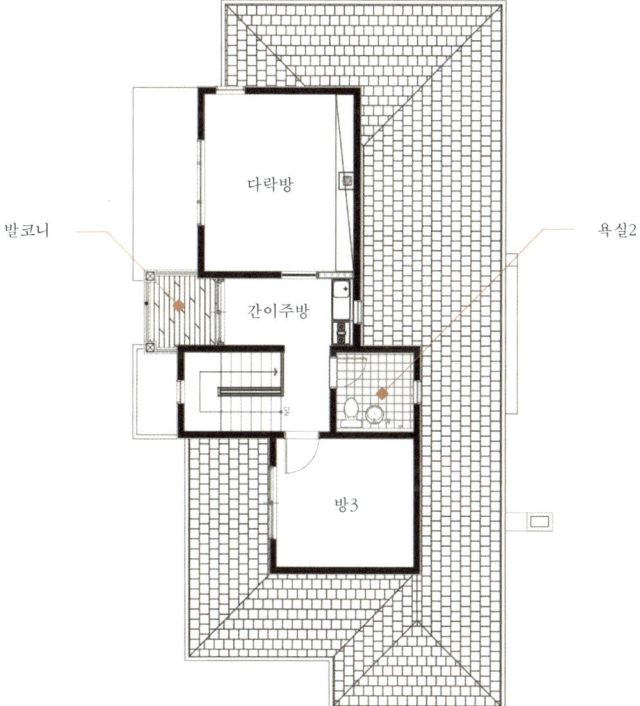

발코니

욕실2

다락방

간이주방

방3

Second Floor

54평형·SCANDINAVIA STYLE

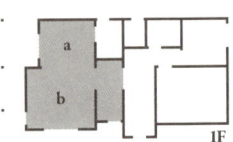

1 나뭇결이 살아있는 마감으로 싱크대를 제작했다

2 거실의 포인트는 파벽돌이다. 벽돌이 가진 따뜻한 감성이 집 안 분위기를 책임진다

3 거실과 주방이 오픈되어 실제보다 더 넓게 느껴진다

4 바닥은 강마루로 마감했다. 찍히거나 긁힘이 덜해 유지관리가 편하다

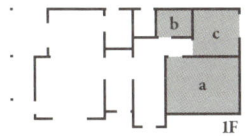

1 어머님을 위한 방. 향이 좋은 편백나무 시공으로 방 안에서 나무 향이 풍긴다

2 어머님이 시집 올 때부터 갖고 계셨던 가구. 집과 잘 매치된다

3 욕실 창문은 채광 및 환기에 큰 도움을 준다

4 방 하나 전체를 편백나무 마감으로 진행했다. 따뜻하게 몸을 찜질할 때 이곳에서 담소를 나누
  며 시간을 보낸다

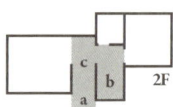

2F

1 2층 발코니는 난간이 아닌 벽체로 구성해 추후에 창호를 설치하여 사용 가능하도록 계획하였다

2 큰 창을 두 개나 설치해 가장 높은 공간이면서 가장 밝다

3 2층의 간이 싱크대. 블루 톤의 도장 마감은 고급스러움을 배가시킨다

4 편백나무 포인트 마감에 우드 몰딩의 마감을 더했다

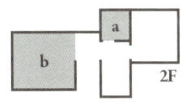

1 내부 포인트 마감과 같은 느낌의 나무를 거울과 수납장으로 선택해 통일성을 높였다

2 1층에서부터 연결된 벽난로 연통을 디자인적으로 마감했다

3 실제 생활하는 데 불편함이 없는 다락방. 이 집에서 가장 매력적인 공간이다

4 바닥을 전기패널 마감으로 진행했다. 다락방으로 사용되는 공간은 법적으로 난방할 수 없기
  때문이다

27,377만원

아파트 전셋값으로 집짓기

53평 | 모던스타일 | 목조주택 | 설계 3개월 | 시공 3.5개월

내 집에서 살고 싶은 마음을 담아 전원주택을 지었다. 땅 값을 포함해 4억 미만 즉, 서울 아파트 전셋값으로 집짓기에 도전했다. 너무 비싼 서울 아파트 값. 전세를 전전하는 데도 지쳤다. 집값으로 한정된 예산은 2억 중반대. 예산 안에 원하는 요소들을 넣기 위해 많은 고민을 한 결과, 원하는 금액대 + 원하는 평수 + 원하는 디자인의 집이 완성되었다.

1. 집의 이름을 정한다면?

아파트 전셋값으로 지은 집

2. 외부 디자인적 포인트는?

길게 뻗은 처마

3. 인테리어 포인트는?

운치 있는 벽난로

4. 이 집에서 가장 눈여겨봐야 할 점은?

2층에서 바라보는 거실 전경

5. 키워드로 총평을 내린다면?

원하는 금액 + 원하는 디자인

6. 어디에 지어진 집인가?

경북 성주

7. 이 집의 연 면적은?

160.02㎡

8. 층별 면적은?

2층이며 1층 101.67㎡, 2층 58.35㎡

9. 이 집의 가로/세로 길이는?

가로 14.5m / 세로 9.3m

10. 몇 명이 거주하는가?

4명

1 박스형 입면의 모던한 전원주택. 길게 나온 처마가 특징이다
2 하단은 파벽돌로 외벽 마감해 오염될 수 있는 여지를 제거했다
3 거실 창을 열고 나오면 데크와 연결된다. 단순히 내부에서 공간이 끝나는 게 아니라 외부 공간으로도 이어지게 하였다

아파트 전셋값으로 집짓기

드레스룸
욕실2
현관
포치
창고(하부수납)
욕실1
방1
데크
거실
데크
보일러실
주방·식당
다용도실

Ground Floor

53평형·MODERN STYLE

내용	면적	실공사금
전용면적	48.00평	216,000,000
포치	3.80평	7,600,000
석재 데크	10.00평	11,000,000
2층 발코니	1.20평	3,120,000
파벽돌	70.00m^2	2,450,000
세라믹 사이딩	15.00m^2	2,250,000
2층 오픈천장	1.00식	12,000,000
벽난로 굴뚝	1.00식	1,000,000
창호추가	1.00식	9,700,000
3중연동도어	1.00식	700,000
설계비	53.00평	7,950,000
총 금액		**273,770,000**

(단위: 원, VAT 포함)

아파트 전셋값으로 집짓기

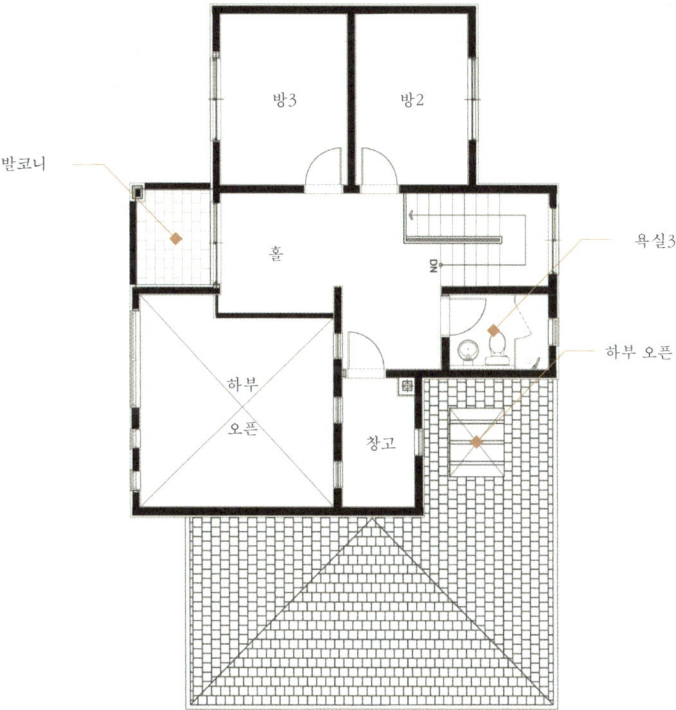

Second Floor

53평형 · MODERN STYLE

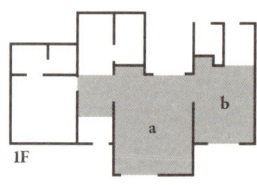

1 블랙 톤의 벽난로 그리고 연통까지 건축주의 로망이 현실화되었다

2 화이트 주방은 공간을 더더욱 깔끔하게 보이도록 만든다

3 거실의 대리석 타일 마감은 고풍스러운 느낌을 배가시킨다

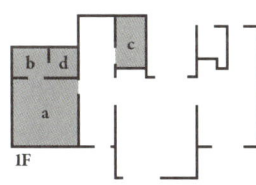

1F

1 화이트와 브라운 우드 매치는 차분하면서도 고급스러운 분위기를 만들어준다
2 현관은 최대한 심플하게 설계해 깔끔한 느낌을 주게끔 하였다
3 욕실에 큰 창을 달아 외부 자연환경을 안으로 들여오고자 했다
4 세면대 아래에 선반을 짜 넣어 배관을 감췄다

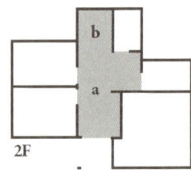

1 2층 발코니의 테이블에서 차 한 잔 마시며 시작하는 하루일과는 일상에 활력소가 된다

2 옅은 우드 톤의 방문 마감은 바닥 마감재와 톤을 공유한다. 화이트 계열의 벽 마감과 잘 어울
린다

3 멀바우 재질의 계단 마감. 짙은 우드 톤의 마감이 계단실의 무게감을 살려준다

2F

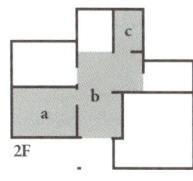

2F

1 블루 톤의 벽지 마감은 자라나는 아이의 감성을 자극한다

2 큰 창을 통해 들어오는 햇살이 집 안을 따뜻한 공기로 감싸안는다

3 오픈 천장에 이은 가족실 공간. 소파에 앉아 사색하기 좋은 장소다

4 블랙 톤의 바닥 타일과 아이보리 계열의 벽 마감, 화이트 도기의 만남. 인테리어의 정석이다

267

27,525만원

자연과의 조화를 꿈꾸다

49평 │ 모던스타일 │ 목조 주택 │ 설계 3개월 │ 시공 3.5개월

'모던하다'는 이런 집을 말하는 것이다. 징크의 시크함, 박스형 외관의 무덤덤함이 마치 갑옷을 입은 중세시대의 기사 같다고 하면 다소 과한 농담처럼 느껴질까? 언제나 곁에서 우리 가족을 지켜줄 것만 같은 집, 바로 그런 집을 짓게 되었다. 최대한 오픈된 공간으로 개방감을 극대화했고 주방에서 식당에 이르기까지의 일체화된 공간은 이 집의 매력 포인트다. 외부로 확장되는 데크의 공간적 흐름까지, 이 집은 내·외부가 하나 되는 집이라 표현하고 싶다.

1. **집의 이름을 정한다면?**

   갑옷을 입은 중세시대의 기사

2. **외부 디자인적 포인트는?**

   징크와 파벽돌의 조화

3. **인테리어 포인트는?**

   2층까지 쭉 뻗은 거실 천장

4. **이 집에서 가장 눈여겨봐야 할 점은?**

   남향으로 크게 뚫린 창

5. **키워드로 총평을 내린다면?**

   전원주택의 매력은 2층 오픈천장

6. **어디에 지어진 집인가?**

   경북 청도

7. **이 집의 연 면적은?**

   148.40㎡

8. **층별 면적은?**

   2층이며 1층 96.22㎡, 2층 58.18㎡

9. **이 집의 가로/세로 길이는?**

   가로 14m / 세로 7.6m

10. **몇 명이 거주하는가?**

    3명

1 리얼징크 지붕 마감과 외벽 포인트 마감으로 모던함이 극대화되었다

2 전면부 거실이 있는 외관은 파벽돌과 디자인된 창호를 시공해 박스형 외관의 포인트 역할을 한다

3 외쪽지붕을 구역별로 나누어 시공해 어느 각도에서 보든 볼륨감 있는 입면을 감상할 수 있다

자연과의 조화를 꿈꾸다

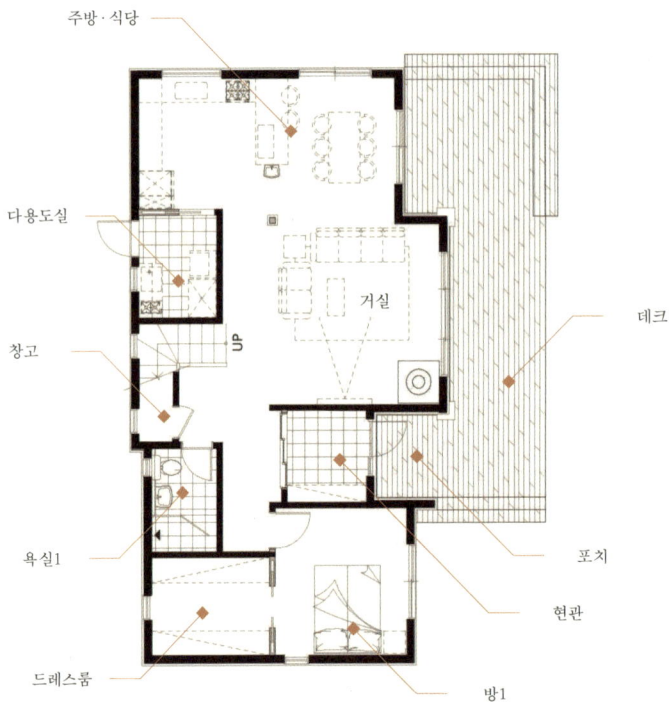

주방·식당

다용도실

창고

욕실1

드레스룸

거실

데크

UP

포치

현관

방1

Ground Floor

49평형·MODERN STYLE

내용	면적	실공사금
전용면적	45.00평	202,500,000
포치	1.00평	2,000,000
석재 데크	10.00평	11,000,000
2층 발코니	3.00평	7,800,000
파벽돌	60.00㎡	2,100,000
리얼징크(외부 포인트 포함)	165.00㎡	18,500,000
2층 오픈천장	1.00식	12,000,000
벽난로 굴뚝	1.00식	1,000,000
창호추가(블랙 랩핑 포함)	1.00식	11,000,000
설계비	49.00평	7,350,000
총 금액		**275,250,000**

(단위: 원, VAT 포함)

자연과의 조화를 꿈꾸다

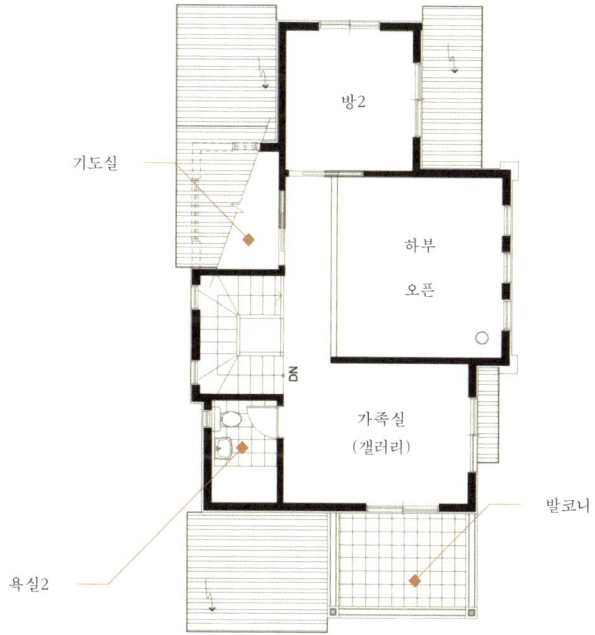

기도실

방2

하부
오픈

가족실
(갤러리)

발코니

욕실2

DN

Second Floor

49평형 · MODERN STYLE

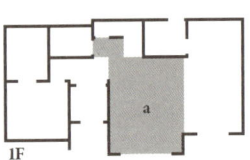

1F

1 대리석 무늬가 연결된 아트월은 이 자체로 예술품이다
2 오픈 천장 적용 주택이라 난방에 취약할 수 있어 모든 창을 시스템창호로 시공했다
3 화이트&블랙의 인테리어 콘셉트로 매우 심플한 공간이 되었다

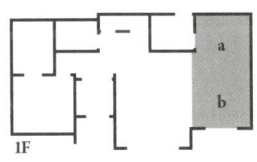

1F

1 거실과 같이 주방 또한 화이트&블랙으로 꾸몄다. 타일과 창문에도 화이트 프레임을 사용해 훨씬 깔끔해 보인다

2 가전제품들을 매립하여 시공해 군더더기 없는 인테리어가 완성되었다

3 거실에서 주방 및 식당 공간을 바라보면 마치 카페에 와 있는 듯한 착각을 불러일으킨다

a 1 b 2

c 3

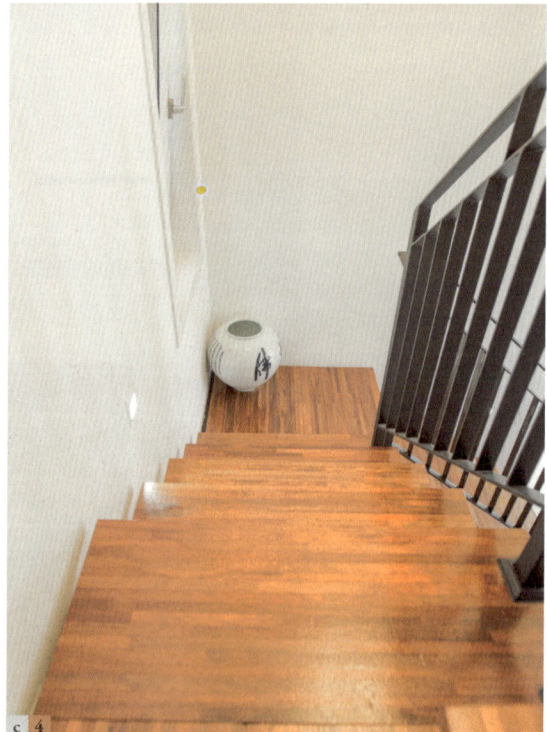

c 4

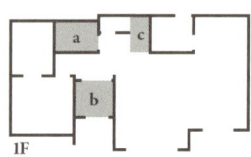

1F

1 화강석 타일 위에 독특한 디자인의 세면대와 하이그로시 하부 수납장으로 욕실의 분위기가 한층 고급스러워졌다

2 현관문에 핑크색으로 포인트를 주었다

3 전통적인 느낌과 현대적인 느낌이 공존하는 디자인의 조명등을 달았다

4 계단의 넓이를 타 주택에 비해 넓게 설계하였다. 꺾이는 부분에 계단참을 설치해 안정감을 준다

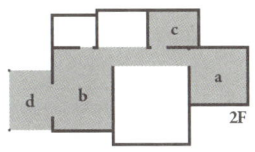

1 동쪽과 남쪽에 창문을 내 자연통풍이 시원하게 이루어진다. 모든 창문은 시스템창으로 계획됐다

2 화이트 인테리어에 블랙 단조난간으로 모던함을 더했다

3 모던한 실내 인테리어에 고가구를 매치해 독특한 분위기가 만들어졌다

4 2층 발코니에 접이식 폴딩도어를 시공해 자칫 좁을 수 있는 공간을 확장시켰다

27,869만원

가족이 함께 그리는 따뜻한 집

55평 | 북유럽스타일 | 목조주택 | 설계 3개월 | 시공 3.5개월

평생을 아파트에서 살아온 사람들은 현대적인 공간에 익숙하다. 이들을 위해 외관은 이국적
이더라도 실내 공간만큼은 현대적으로 구성해 불편함이 없도록 배려했다. 가족 모두를 따뜻
하게 품어줄 수 있는 집이 완성되었다.

주황빛 기와,
인조석 포인트 벽돌이
어우러진 전원주택.
넓은 석재 데크는
낮에는
아이들이 뛰노는 공간으로
밤에는
가든파티 공간으로
활용된다.

1. 집의 이름을 정한다면?
우리 가족의 로망이 담긴 집

2. 외부 디자인적 포인트는?
불규칙한 하단부 벽돌

3. 인테리어 포인트는?
공간마다 있는 넓은 창

4. 이 집에서 가장 눈여겨봐야 할 점은?
보조 공간으로 사용 가능한 다용도실

5. 키워드로 총평을 내린다면?
4인 가족이 지내기에 안성맞춤

6. 어디에 지어진 집인가?
경기 가평

7. 이 집의 연 면적은?
171.55㎡

8. 층별 면적은?
2층이며 1층 117.55㎡, 2층 54.00㎡

9. 이 집의 가로/세로 길이는?
가로 15.5m / 세로 9.3m

10. 몇 명이 거주하는가?
6명

1 기와와 파벽돌 등으로 마감해 북유럽 콘셉트를 부각시켰다
2 메인 박공지붕 외에도 1층 창문 위에 별도의 기와지붕을 얹었다
3 현관 앞의 포치와 2층의 지붕형 발코니는 용도 외에도 입체감 있는 외관 디자인을 형성하는
　데 한몫한다

가족이 함께 그리는 따뜻한 집

드레스룸

방2

욕실1

현관

방1

포치

창고 및 보일러실

다용도실

창고

거실

주방·식당

데크

Ground Floor

55평형·*SCANDINAVIA STYLE*

내용	면적	실공사금
전용면적	47.00평	211,500,000
포치	1.50평	3,000,000
석재 데크	10.00평	11,000,000
2층 발코니	1.50평	3,900,000
다락방	5.00평	15,000,000
EPS몰딩	120.00m	2,400,000
파벽돌	70.00m^2	2,450,000
기와	47.00평	17,390,000
창호추가	1.00식	3,800,000
설계비	55.00평	8,250,000
총 금액		**278,690,000**

(단위: 원, VAT 포함)

가족이 함께 그리는 따뜻한 집

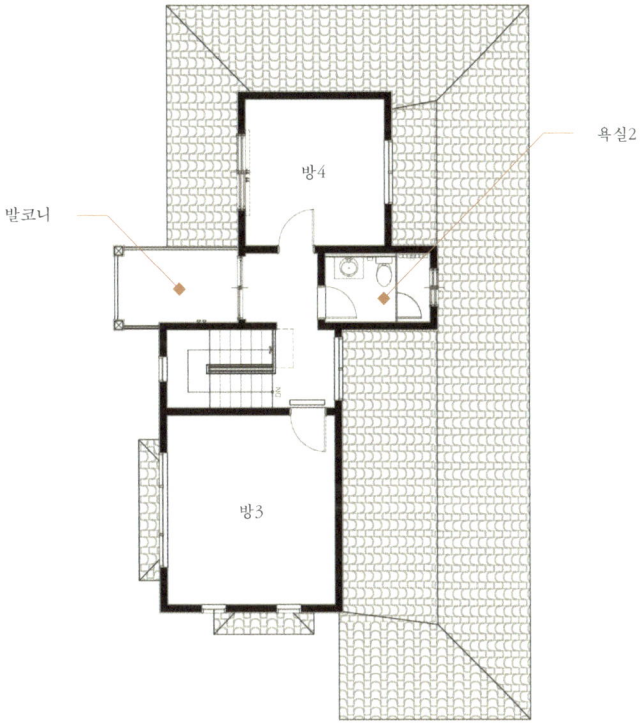

Second Floor

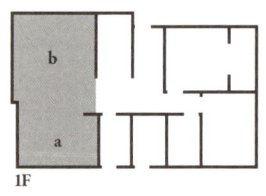

1F

1 거실과 주방을 오픈시켜 불필요한 복도 공간을 없애고 넓은 공간을 확보하였다

2 주방은 짙은 우드 톤의 포인트 싱크대 인테리어로 단조로움을 피하면서 모던함을 부각시켰다

3 강마루 바닥 마감과 아트월 타일 마감에 서까래 나무 마감이 더해져 단아한 멋이 살아 숨 쉰다

a 1   b 2

c 3   d 4

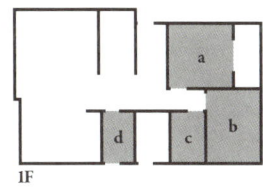

1F

1 붙박이장은 공간을 넓게 사용할 수 있는 최고의 방법이다

2 포켓도어를 적용해 벽 안쪽으로 문이 들어갈 수 있도록 했다. 포켓도어는 별도의 문 여는 공
  간이 필요치 않아 좁은 공간에서 유용하다

3 나무 질감의 포인트 타일 마감으로 친환경적인 느낌을 부여한다

4 다용도실은 화이트 계열의 타일로 마감했으며 창을 별도로 설치해 환한 햇살이 들어오게끔
  설계했다

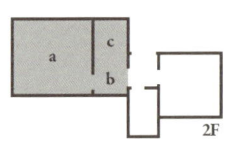

1 다락방은 취미 공간 및 아이들 놀이공간으로 훌륭하다
2 다락방으로 들어가는 문을 별도로 만들었다. 일반적으로는 천장의 계단을 통해 오르내리는
　방식이지만 위험하여 이번엔 정식 계단실을 통해 옆으로 진입할 수 있게 하였다
3 계단실 밑에 문을 달아 잡다한 짐을 수납할 수 있는 창고로 만들었다

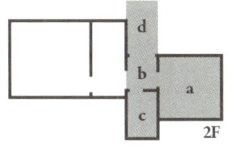

2F

1 큰 창문으로 방 안을 환히 비추고 불필요한 포인트는 자제해 인테리어 비용을 낮추는 대신 붙박이장을 별도로 설치해 그 자체로 포인트가 될 수 있게 하였다

2 2층 복도에 여닫이창을 설치해 자연채광 및 자연환기가 용이하게 하였다

3 대리석 타일 마감으로 중후한 분위기를 풍긴다. 바닥과 벽의 마감 톤을 맞춰 통일감을 주었다

4 2층 지붕형 발코니는 이 집의 매력 포인트다. 비가 오나 눈이 오나 이곳에서의 조망은 어느 누구에게나 만족감을 부여한다

31,531만원

두 아이의 놀이터

60.5평 │ 모던스타일 │ 목조주택 │ 설계 3개월 │ 시공 4개월

우리 아이들이 2층집을 뛰어다니거나 마당에서 강아지들과 함께 뒹구는 모습, 앞마당에 앉아 빗소리를 들으며 커피 한잔을 하는 부부, 아마 전원주택을 짓고자 하는 모든 이들이 상상하는 이상적인 모습이 아닐까 싶다. 아이들은 마음껏 뛰어놀며 성장해야 한다. 층간소음 등 기타 문제들로 아파트에서는 상상할 수조차 없었던 일들을 이제부터 실현해볼까 한다.

1. 집의 이름을 정한다면?

아지트 같은 집

2. 외부 디자인적 포인트는?

지붕과 벽까지 일체화된 징크

3. 인테리어 포인트는?

1.5층 오픈천장과 넓은 창

4. 이 집에서 가장 눈여겨봐야 할 점은?

사방으로 조망이 가능한 2층 발코니

5. 키워드로 총평을 내린다면?

독특한 입면에 완벽한 평면

6. 어디에 지어진 집인가?

경남 양산

7. 이 집의 연 면적은?

183.64㎡

8. 층별 면적은?

2층이며 1층 91.60㎡, 2층 92.04㎡

9. 이 집의 가로/세로 길이는?

가로 10.5m / 세로 14.4m

10. 몇 명이 거주하는가?

4명

아이들의 상상력을
자극하는 전원주택.
2층 외벽까지
감싸고 도는
징크의 마감으로
마치 로봇이
등장할 것만 같은
집의 외형이 탄생됐다.

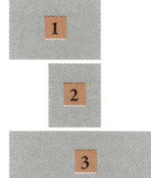

1 안정적인 박공지붕 디자인에 외벽까지 감싸는 징크로 단조롭지 않은 외관이 완성되었다
2 전면부 석재 데크는 저녁에 아이들과 함께 바비큐 파티를 할 수 있는 장소다
3 아이들이 언제든지 문을 열고 나와 뛰어놀 수 있도록 넓은 마당을 만들어냈다

두 아이의 놀이터

다용도실

욕실1

서재

포치

현관

주방·식당

거실

데크

다목적 공간

Ground Floor

60.5평형·MODERN STYLE

내용	면적	실공사금
전용면적	55.00평	247,500,000
포치	2.00평	4,000,000
석재 데크	11.00평	12,100,000
2층 발코니	3.50평	9,100,000
EPS몰딩	50.00m	1,000,000
파벽돌	69.00m^2	2,415,000
리얼징크	204.00m^2	9,300,000
2층 오픈천장	1.00식	12,000,000
창호추가	1.00식	8,900,000
설계비	60.00평	9,000,000
총 금액		**315,315,000**

(단위: 원, VAT 포함)

두 아이의 놀이터

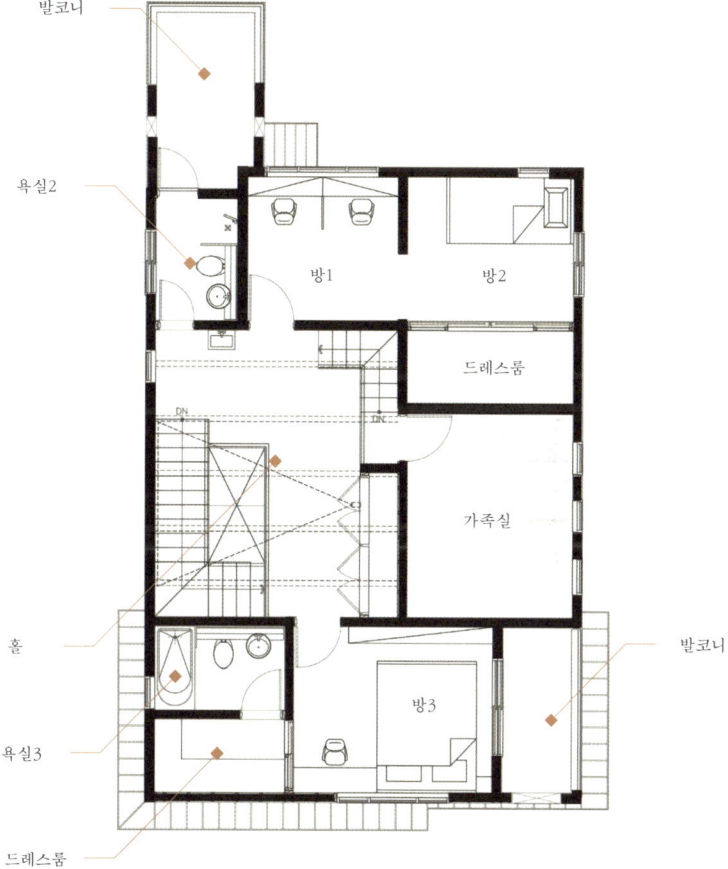

발코니

욕실2

방1

방2

드레스룸

가족실

홀

발코니

욕실3

방3

드레스룸

Second Floor

60.5평형 · MODERN STYLE

a 1 　 a 2

b 3

c 4

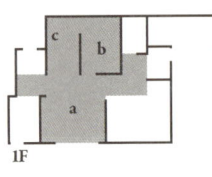

1F

1 오픈천장 적용으로 거실의 층고가 높다. 위쪽에 창을 하나 더 내어 채광적인 측면을 극대화하였고 전면부 아트월 쪽 상부에 위치한 수납장에 조명을 추가 설치해 어두워 보일 수 있는 공간마저 신경 썼다

2 소파 뒤에도 세로형 창을 달았다

3 서재를 별도로 두어 부모와 자식이 함께 책을 읽을 수 있도록 공간 구성을 하였다

4 피아노를 좋아하는 아이를 위해 계단실 앞에 개인 연습실을 만들었다. 계단 옆의 작은 공간은 강아지를 위한 곳이다

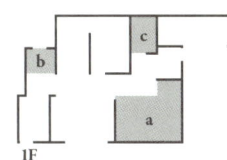

1F

1 8인용 식탁과 통창을 설치해 눈에 탁 트이는 풍경을 언제든지 앉아서 바라볼 수 있게 하였다

2 다용도실에는 미닫이문을 두어 공간 확장을 가변적으로 사용할 수 있도록 하였다

3 화이트 계열로 통일한 주방 공간. 아일랜드 식탁에 별도 인덕션을 설치해 가족들과 마주보며 요리도 하고 식사도 할 수 있게 만들었다

4 욕실은 아이보리 톤의 타일로 통일감 있게 마감하였다. 샤워 커튼으로 공간을 구획했고 세면 대 밑으로 별도의 수전을 설치해 청소하는 데 불편함이 없도록 하였다

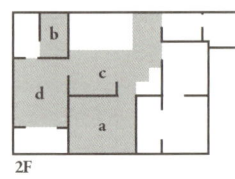

2F

1 2층 가족실은 놀이의 공간으로 꾸몄다

2 2층 욕실은 그레이 톤으로 마감을 통일하였다

3 1층 오픈천장으로 인해 2층에 재미있는 단차가 생겨, 계단으로 동선을 이어주고 개구부에는
폴딩도어를 설치해 공간 확장을 가능케 하였다

4 상부에 가로형 창문을 설치해 채광과 단열, 환기 3가지를 모두 충족시켰다

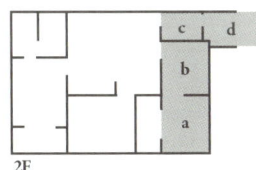

2F

1 아이들의 감성이 자라날 수 있는 침대를 설치하였다

2 아이들의 눈높이에 맞춘 욕실. 세로형 타일의 벽 마감으로 아이들이 매우 좋아한다

3 두 아이의 학습 공간. 책상을 화이트 톤으로 통일하였으며 상부에 창을 내어 어둡지 않도록 하였다

4 2층 발코니에서는 탁 트인 전망을 볼 수 있다

35,445만원

하이브리드를 말하다

77.5평 | 북유럽스타일 | 목조 + RC 주택 | 설계 4개월 | 시공 6개월

철근콘크리트 공법과 목조 공법 이 두 만남으로도 화제가 되었다. 습이 많은 지역이라 1층은 철근콘크리트로 단단하게 잡아주고, 2층은 친환경적인 목조를 통해 부모님을 위한 따뜻한 공간을 세움으로써 두 공법을 결합시켰다. 하나처럼 보이는 집. 이 집은 서로 다른 뼈대를 가지고 있지만 원래부터 하나였던 것처럼 그 자리를 단단하게 지켜내고 있을 것이다.

1. **집의 이름을 정한다면?**
   하이브리드 하우스

2. **외부 디자인적 포인트는?**
   1층 포치의 활용

3. **인테리어 포인트는?**
   막힘없는 공용 공간

4. **이 집에서 가장 눈여겨봐야 할 점은?**
   전통 방식의 조명

5. **키워드로 총평을 내린다면?**
   전통과 현대의 만남

6. **어디에 지어진 집인가?**
   경기 화성

7. **이 집의 연 면적은?**
   142.20㎡

8. **층별 면적은?**
   2층이며, 1층 75.12㎡, 2층 67.08㎡

9. **이 집의 가로/세로 길이는?**
   가로 16.5m / 세로 10.5m

10. **몇 명이 거주하는가?**
    5명

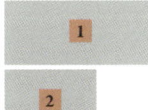

1 두 가지 공법이 적용된 하이브리드 공법의 전원주택. 1층은 철근콘크리트 공법, 2층은 목조 공법을 사용했다

2 1층에는 다크 계열의 파벽돌을 사용해 집의 무게감을 살려준다

3 최대한 깔끔하고 정돈된 느낌을 살리기 위해 큰 추가비용 없이 배면을 완성했다

하이브리드를 말하다

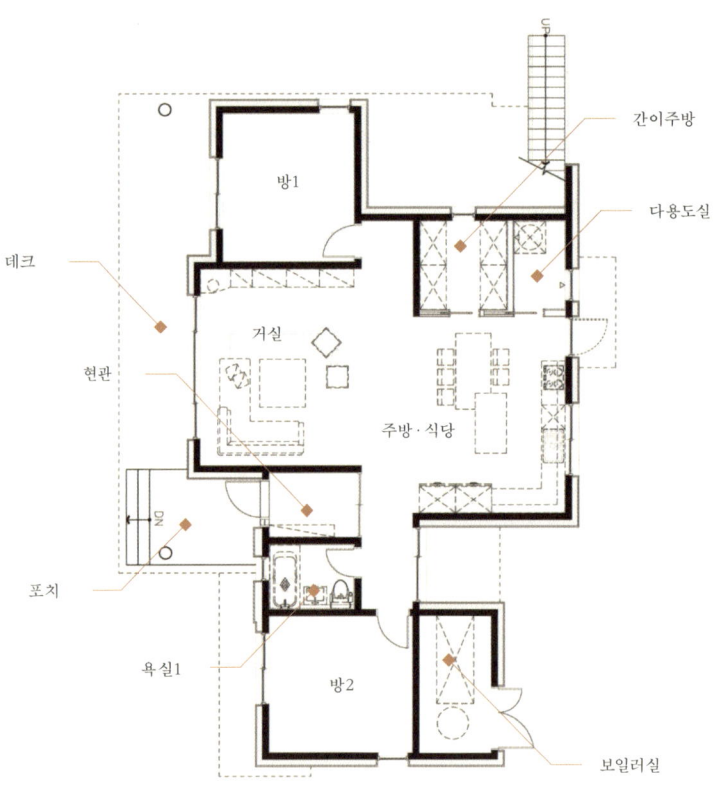

간이주방

다용도실

데크

현관

주방 · 식당

거실

방1

포치

DN

욕실1

방2

보일러실

Ground Floor

77.5평형 · SCANDINAVIA STYLE

내용	면적	실공사금
전용면적	55.00평	275,000,000
포치	7.50평	15,000,000
2층 발코니	15.00평	22,500,000
외부 평철난간	30.00m	3,000,000
파벽돌	80.00㎡	2,800,000
리얼징크	100.00㎡	15,000,000
외부 계단	1.00식	3,000,000
창호추가	1.00식	6,600,000
설계비	77.00평	11,550,000
총 금액		**354,450,000**

(단위: 원, VAT 포함)

하이브리드를 말하다

Second Floor

77.5평형·SCANDINAVIA STYLE

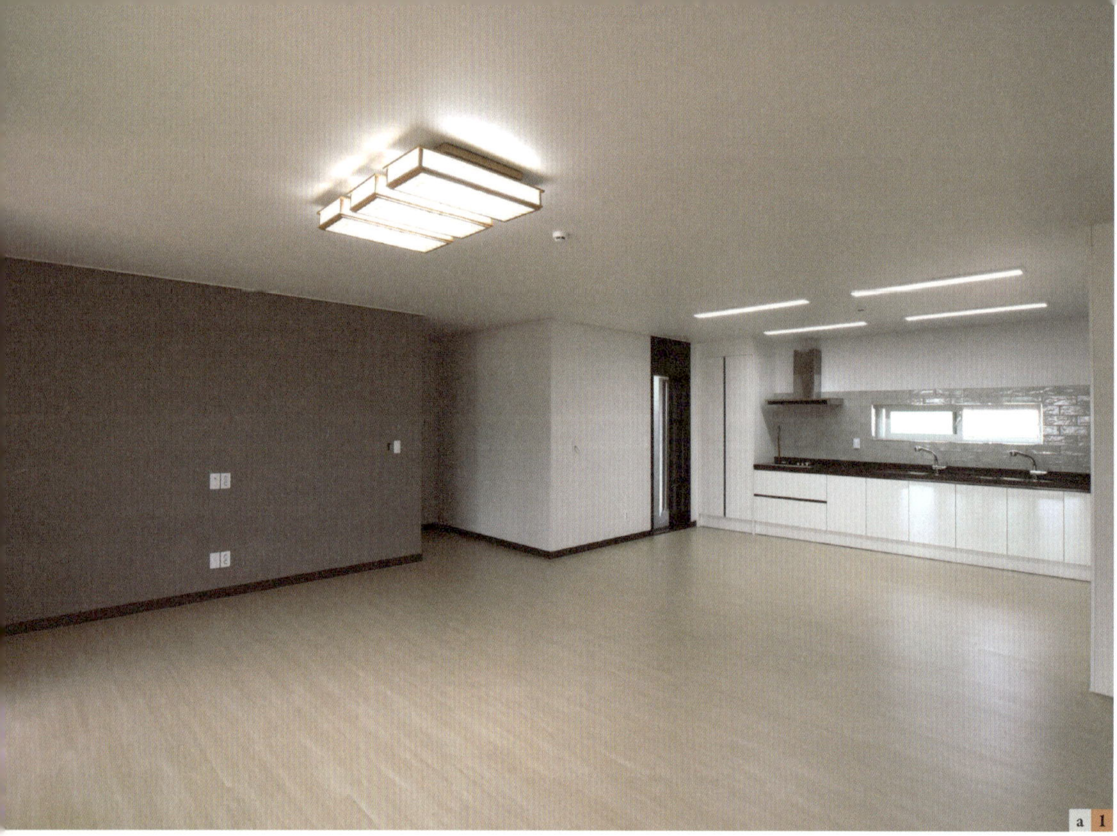

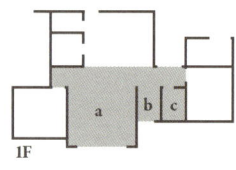

1F

1 답답해 보이는 게 싫다면 이처럼 거실과 주방을 틔워 평수 대비 가장 넓은 공간을 만들어낼 수 있다

2 현관도 넓게 설계하였다. 화이트&블랙으로 더욱 넓어 보이는 효과가 있다

3 대리석 스타일의 타일을 적용했다

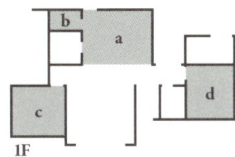

1F

1 ㄱ자형의 8m짜리 싱크대를 화이트&블랙으로 맞췄다

2 다용도실 또한 넓게 구성해 냉장고 및 세탁기 등이 다 들어갈 수 있도록 배치했다

3 방에 붙박이장을 설계해 이불이나 옷 등이 외부에 보이지 않게 하였다

4 빈틈없이 공간에 꽉 들어찬 붙박이장은 방을 더욱 정돈되게 만든다

a 1　b 2

c 3　b 4

1 화이트 톤의 벽과 우드 톤의 강마루는 어떤 가구와도 잘 어울릴 것이다
2 세로 포인트가 들어간 벽지를 시공하였다
3 샤워 파티션 내부에만 포인트를 주었다
4 넓은 드레스룸을 별도로 구성하였다

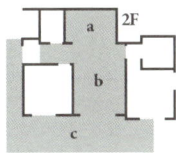

1 블랙 계열의 타일을 주방에 시공했다

2 기존 냉장고 사이즈에 맞춰 냉장고 장을 별도로 설치했다

3 매입등 및 LED 조명 적용으로 모던함이 도드라진다

4 2층의 넓은 발코니는 바비큐 파티 외에도 다목적으로 활용 가능한 공간이다. 이 집의 가장 큰 매력 포인트이다

따뜻한 전원주택을 그려내다

스타 건축가 3인방의 기획 설계 제안

우리 가족이 담아내는

LIFE

꿈속에서 그려보는 전원주택
내 마음에 꼭 드는 그런 집은 없을까?
우리 가족의 이야기를 담아낼 수 있는 집
지금 이곳에서 시작하고자 한다

우리 가족이 담아내는

LIFE

—

20 · 30

—

평형대 집짓기

스타 건축가 3인방의
기획 설계 제안

COUNTRY HOUSE
田園住宅

20 · 30평형대 기획 설계 제안

* PART 03의 〈스타 건축가 3인방의 기획 설계 제안〉에 포함된 각 전원주택별 건축비 산출내역 외의 별도 공사 부대비용에는 대지구입비, 가구(싱크대, 신발장, 붙박이장), 기반시설 인입(수도, 전기, 가스 등), 토목공사, 조경비 등이 있음을 미리 알려둔다.

12,537만원

부모님을 위한 선물

26.5평 │ 클래식스타일 │ 목조주택 │ 외벽: 스타코플렉스 │ 지붕: 이중그림자슁글

외벽 포인트: 파벽돌

* 위 평수는 전용면적, 포치, 발코니, 다락방 등을 포함한 시공면적 기준이다.

단층 26.5평형 전원주택. 부모님을 위한 집으로서 단층이지만 방 3개와 드레스룸까지 알차게 구성돼 있다. 가성비가 높아서 큰 부담 없이 부모님께 집을 선물로 드리기에 안성맞춤이다.

1. **집의 이름을 정한다면?**
   부모님을 위한 선물
2. **외부 디자인적 포인트는?**
   클래식한 단층
3. **거주 예상 인원은?**
   2명
4. **이 집에서 가장 눈여겨봐야 할 점은?**
   활용적인 공간 구성
5. **키워드로 총평을 내린다면?**
   작지만 알찬 구성

공법	기초-일반 목구조	
구조	1층-목구조	
연면적	84.14㎡	
1층 면적	84.14㎡	
내용	**면적**	**실공사금**
전용면적	25.00평	112,500,000
포치	1.50평	3,000,000
목재 데크	4.00평	2,800,000
파벽돌	30.00㎡	750,000
EPS몰딩시공	45.00m	1,125,000
3중연동도어	1.00식	700,000
설계비	26.00평	4,500,000
총 금액		**125,375,000**

(단위: 원, VAT 포함)

1층 평면

12,200

8,000

전용면적 25평이라는 한정된 소형 평수임에
도 불구하고 최대한 많은 공간 사용을 가능
케 하였으며 출가한 자식들이 놀러와 편히 쉴
수 있도록 방을 3개로 구성하였다.

공간 구성

1. 현관
2. 거실
3. 주방
4. 방1
5. 방2
6. 방3
7. 드레스룸
8. 욕실1

306

단열재
insulating materials

외부벽체(Glasswool Insulation R21HD-15″ 나등급)

- 크나우프社 ECOBATT(ECOSE® 특허)
- HD: 저에너지하우스용/15인치(381㎜)* 동등제품

내부벽체(Glasswool Insulation R19-15″ 다등급)

천장(Glasswool Insulation R30-15″ 다등급)

지붕(Glasswool Insulation R37-23″ 나등급)

- ISOVER社 에너지세이버

*단열기준은 2016년 7월 1일자로 변경되는 단열기준법을 적용하여 강화시켜 놓았습니다.

기초공사
ground-making

- 지중보기초〈800㎜〉 슬라브 두께 250㎜(G,L-300/G,L+500㎜ 기준)
- 규준틀, 먹메김, 터파기, 되메우기, PE필름깔기
- 철근: 13㎜@300복배근/콘크리트 규격: 25-210-12
- 바닥단열재(스티로폼) 100㎜

※ 동력선기초/줄기초공법 별도 견적

골조공사
construction using the frame

- STUD: 2′X6′X8′Wall(층고: 1층 2.7m/2층 2.4m)
- 수종: 가문비나무 – 소나무 – 전나무

※ 외벽2′X8′로 교체시 평당 6만원 추가/인슐레이션까지 추가 시 평당 10만원 추가

- 2층바닥장선: 2′X10′@16″(406㎜), 등급: 2등급(#2&BTR)
- 천장장선: 2′X6′@24″(610㎜), 함수율 19%
- 서까래: 2′X8′@24″(610㎜), 원산지: 북미-캐나다/미국
- 용마루: 2′X12′
- 외벽 및 지붕: 4′X8′X11.1T OSB합판
- 2층 바닥: 4′X8′X18.3TT&G합판
- 투습방수지/레인스트린: 탐린드레인 하우즈랩 or 동등제품

지붕 마감재
이중그림자엉글 #연밤색

외벽 마감재
스타코플렉스 #Moonlight-311

포인트 마감재
노벨스톤 #BCK-130

14,900만원

힐링하우스

34.2평 | 모던스타일 | 목조주택 | 외벽: 테라코트 | 지붕: 아스팔트슁글

외벽 포인트: 적삼목 사이딩, 파벽돌

* 위 평수는 전용면적, 포치, 발코니, 다락방 등을 포함한 시공면적 기준이다.

단층 34.2평형 전원주택. 세컨드하우스 및 힐링하우스의 용도로 기획된 집이며 가격 또한 저렴하다. 소형주택 트렌드에 적합한 동시에 가장 인기 있는 전원주택 모델이다.

1. **집의 이름을 정한다면?**
   힐링하우스

2. **외부 디자인적 포인트는?**
   박스형 입면에 더해진 적삼목 사이딩

3. **거주 예상 인원은?**
   2명

4. **이 집에서 가장 눈여겨봐야 할 점은?**
   2층 다락방

5. **키워드로 총평을 내린다면?**
   전용면적 25.23평에 효율적인 공간 구성 완성

공법	기초-철근콘크리트	
구조	다락구조-목구조	
연면적	106.12㎡	
1층 면적	99.22㎡	
다락 면적	6.90㎡	
내용	**면적**	**실공사금**
전용면적	25.23평	113,535,000
포치	4.78평	7,170,000
목재 데크	0.64평	448,000
다락방	14.04㎡	12,750,000
다락방 계단	1.00식	1,000,000
모던형 벽체	1.00식	3,000,000
창호추가	1.00식	3,500,000
욕실	1.00식	2,500,000
설계비	34.00평	5,100,000
총 금액		149,003,000

(단위: 원, VAT 포함)

12,900

7,800

거실과 주방을 일자형으로 오픈시키고 전면
데크를 통해 외부로의 확장성과 개방성을 극
대화할 수 있도록 설계했다.

공간 구성

1. 현관
2. 거실
3. 주방
4. 방1
5. 방2
6. 다용도실
7. 간이주방
8. 서재
9. 욕실1
10. 욕실2

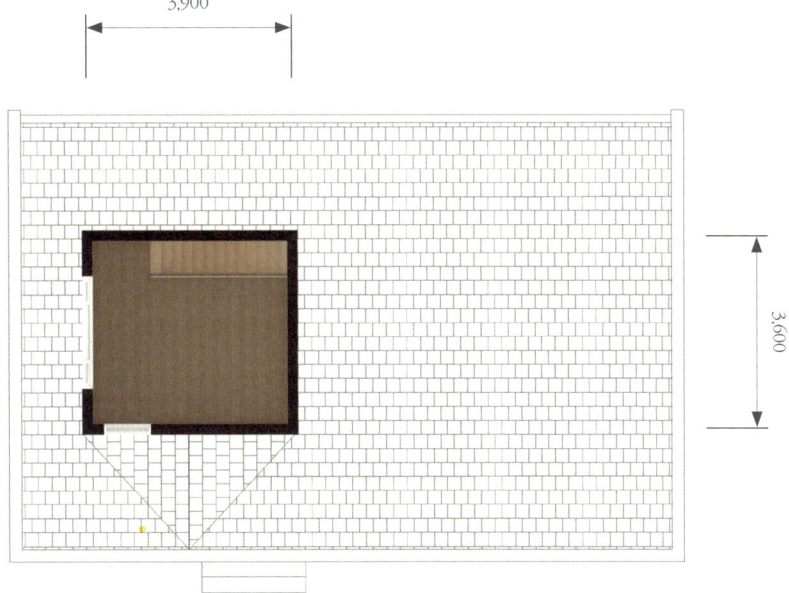

3,900

3,600

1층 전용면적 25.23평만으로는 활동 공간이
좁기 때문에 다락방을 구성해 친척들이 방문
하더라도 잠을 자거나 놀 수 있는 공간을 확
보해 주었다.

공간
구성

1. 다락방

건축 마감

단열재
insulating materials

외부벽체(Glasswool Insulation R21HD-15″ 나등급)

- 크나우프社 ECOBATT(ECOSE® 특허)
- HD: 저에너지하우스용/15인치(381㎜)* 동등제품

내부벽체(Glasswool Insulation R19-15″ 다등급)

천장(Glasswool Insulation R30-15″ 다등급)

지붕(Glasswool Insulation R37-23″ 나등급)

- ISOVER社 에너지세이버

*단열기준은 2016년 7월 1일자로 변경되는 단열기준법을 적용하여 강화시켜 놓았습니다.

기초공사
ground-making

- 지중보기초〈800㎜〉슬라브 두께 250㎜(G.L-300/G.L+500㎜ 기준)
- 규준틀, 먹메김, 터파기, 되메우기, PE필름깔기
- 철근: 13㎜@300복배근/콘크리트 규격: 25-210-12
- 바닥단열재(스티로폼) 100㎜

※ 동력선기초/줄기초공법 별도 견적

골조공사
construction using the frame

- STUD: 2′X6′X8′Wall(층고: 1층 2.7m/2층 2.4m)
- 수종: 가문비나무 – 소나무 – 전나무

※ 외벽2′X8′로 교체시 평당 6만원 추가/인슐레이션까지 추가 시 평당 10만원 추가

- 2층바닥장선: 2′X10′@16″(406㎜), 등급: 2등급(#2&BTR)
- 천장장선: 2′X6@24″(610㎜), 함수율 19%
- 서까래: 2′X8′@24″(610㎜), 원산지: 북미-캐나다/미국
- 용마루: 2′X12′
- 외벽 및 지붕: 4′X8′X11.1T OSB합판
- 2층 바닥: 4′X8′X18.3TT&G합판
- 투습방수지/레인스트린: 탐린드레인 하우즈랩 or 동등제품

지붕 마감재
이중그림자엉글 #돌회색

외벽 마감재
테라코트 #Steel Gray-362

포인트 마감재1
노벨스톤 #BCK-190

포인트 마감재2
적삼목 사이딩

15,110만원

나만의 별동을 갖다

31평 │ 모던스타일 │ 목조주택 │ 외벽: 테라코트 │ 지붕: 이중그림자싱글

외벽 포인트: 적삼목 사이딩, 파벽돌

* 위 평수는 전용면적, 포치, 발코니, 다락방 등을 포함한 시공면적 기준이다.

단층 31평형 전원주택. 모던함을 가장 잘 표현했다. 31평이라는 시공면적 안에서 별동까지 구성해 유니크한 평면구성이 돋보인다. 삼각형의 자투리땅 같은 곳에서도 잘 어울리며 화이트와 블랙의 테라코트 조합이 아주 심플하다.

....

1. 집의 이름을 정한다면?

나만의 별동을 갖다

2. 외부 디자인적 포인트는?

모던하게 풀어낸 박공지붕

3. 거주 예상 인원은?

2명

4. 이 집에서 가장 눈여겨봐야 할 점은?

ㅅ자형 공간 배치

5. 키워드로 총평을 내린다면?

나만의 별동으로 나만의 개성 있는 집이 되다

....

공법	기초-일반 목구조	
1층	1층-목구조	
연면적	94.90㎡	
1층 면적	83.74㎡	
포치 면적	6.61㎡	
내용	**면적**	**실공사금**
전용면적	25.20평	113,400,000
포치	2.00평	4,000,000
데크	5.00평	3,500,000
다락방	4.00평	12,000,000
데크	4.50평	3,150,000
다락방 계단	1.00식	1,000,000
포인트	1.00식	1,700,000
창호추가	1.00식	4,500,000
3중연동도어	1.00식	700,000
욕실추가	1.00식	2,500,000
설계비	31.00평	4,650,000
총 금액		**151,100,000**

(단위: 원, VAT 포함)

작은 평수지만 ㅅ자형 배치로 별도의 공간을 만들었
다. 공용 공간과 프라이버시가 보장되는 공간을 매스
적으로 분리시킨 뒤 각각의 동선이 얽히지 않고 독립
적으로 움직일 수 있도록 하였다.

12,500

5,800

1. 현관

2. 거실

3. 주방

4. 방1

5. 방2

6. 다용도실

7. 창고

8. 욕실1

9. 욕실2

3평 정도의 다락방을 배치하였다. 다락방은 가중평균
1.8m의 높이이며 난방을 고려해 전기 패널을 깔았다.

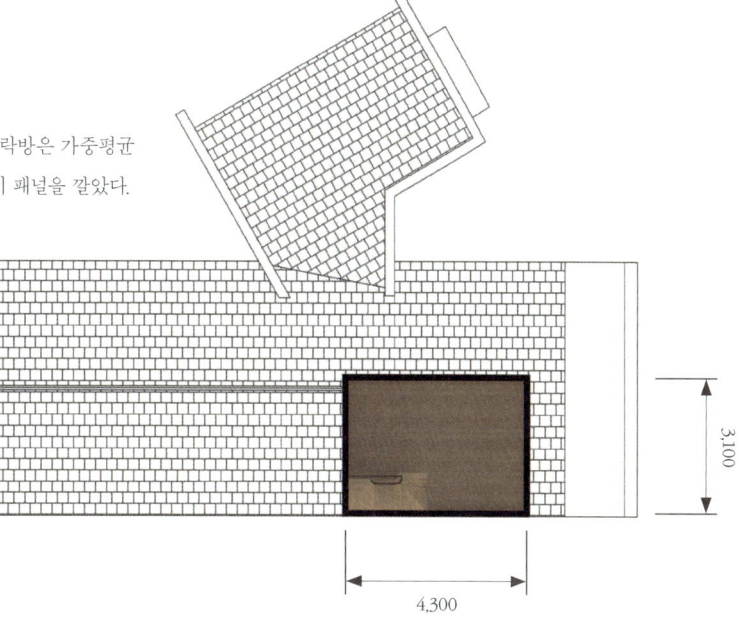

3,100

4,300

1. 다락방

건축 마감

단열재
insulating materials

외부벽체(Glasswool Insulation R21HD-15″ 나등급)
- 크나우프社 ECOBATT(ECOSE® 특허)
- HD: 저에너지하우스용/15인치(381㎜)* 동등제품

내부벽체(Glasswool Insulation R19-15″ 다등급)

천장(Glasswool Insulation R30-15″ 다등급)

지붕(Glasswool Insulation R37-23″ 나등급)
- ISOVER社 에너지세이버

*단열기준은 2016년 7월 1일자로 변경되는 단열기준법을 적용하여 강화시켜 놓았습니다.

기초공사
ground-making

- 지중보기초 〈800㎜〉 슬라브 두께 250㎜(G.L-300/G.L+500㎜ 기준)
- 규준틀, 먹메김, 터파기, 되메우기, PE필름깔기
- 철근: 13㎜@300복배근/콘크리트 규격: 25-210-12
- 바닥단열재(스티로폼) 100㎜

※ 동력선기초/줄기초공법 별도 견적

골조공사
construction using the frame

- STUD: 2′X6′X8′Wall(층고: 1층 2.7m/2층 2.4m)
- 수종: 가문비나무 – 소나무 – 전나무

※ 외벽2′X8′로 교체시 평당 6만원 추가/인슐레이션까지 추가 시 평당 10만원 추가

- 2층바닥장선: 2′X10′@16″(406㎜), 등급: 2등급(#2&BTR)
- 천장장선: 2′X6′@24″(610㎜), 함수율 19%
- 서까래: 2′X8′@24″(610㎜), 원산지: 북미-캐나다/미국
- 용마루: 2′X12′
- 외벽 및 지붕: 4′X8′X11.1T OSB합판
- 2층 바닥: 4′X8′X18.3TT&G합판
- 투습방수지/레인스트린: 탐린드레인 하우즈랩 or 동등제품

지붕 마감재
이중그림자엉글 #돌회색

외벽 마감재
테라코트 #TK-320

포인트 마감재1
노벨스톤 #BCK-190

포인트 마감재2
적삼목 사이딩

외부
형태

15,809만원

모던 + 클래식 = 유니크

32.7평 | 모던스타일 | 목조주택 | 외벽: 스타코플렉스 | 지붕: 이중그림자싱글

외벽 포인트: 적삼목 사이딩, 파벽돌

* 위 평수는 전용면적, 포치, 발코니, 다락방 등을 포함한 시공면적 기준이다.

2층 32.7평형 전원주택. 모던과 클래식이 조화를 이룬 전원주택. 외쪽지붕 자체가 포인트인 이 집은 전면부의 오픈천장 거실 옵션과 함께 평수는 큰 편이 아님에도 불구하고 웅장한 매스감(mass感, 양감)을 자랑한다. 모든 창들을 남향으로 배치해 채광을 극대화하였으며 파벽돌 마감으로 무게감 또한 있어 보인다.

···

1. 집의 이름을 정한다면?
모던 + 클래식 = 유니크

2. 외부 디자인적 포인트는?
다양한 경사의 지붕

3. 거주 예상 인원은?
4명

4. 이 집에서 가장 눈여겨봐야 할 점은?
사선으로 오픈된 거실 천장

5. 키워드로 총평을 내린다면?
모던과 클래식의 컬래버레이션

···

공법	기초-일반 목구조	
구조	2층-목구조	
연면적	115.36㎡	
1층 면적	88.19㎡	
2층 면적	27.17㎡	
포치 면적	3.30㎡	
내용	**면적**	**실공사금**
전용면적	27.00평	121,500,000
포치	1.00평	2,000,000
목재 데크	7.50평	5,250,000
2층 발코니	2.00평	5,200,000
발코니 단조난간	5.00식	500,000
다락방	2.70평	5,940,000
1.5층 오픈천장	1.00식	9,000,000
파벽돌 포인트	20.00㎡	700,000
각방 온도조절기	1.00식	1,000,000
창호추가	1.00식	1,500,000
3중연동도어	1.00식	700,000
설계비	32.00평	4,800,000
총 금액		158,090,000

(단위: 원, VAT 포함)

1층 평면

한국에서 가장 인기 있는 3베이 형식의 배치를 적용하였으며 주방과 거실 그리고 넓은 다용도실까지 매력적인 공간으로 구성했다.

12,800

7,300

공간 구성

1. 현관
2. 거실
3. 주방
4. 방1
5. 보일러실
6. 다용도실
7. 창고
8. 데크
9. 욕실1

다락방과 가족실을 두어
개인 공간과 제2의 거실을
만들었다. 또한 실내 공간
을 환기시키기 위해 발코니
를 설치했다.

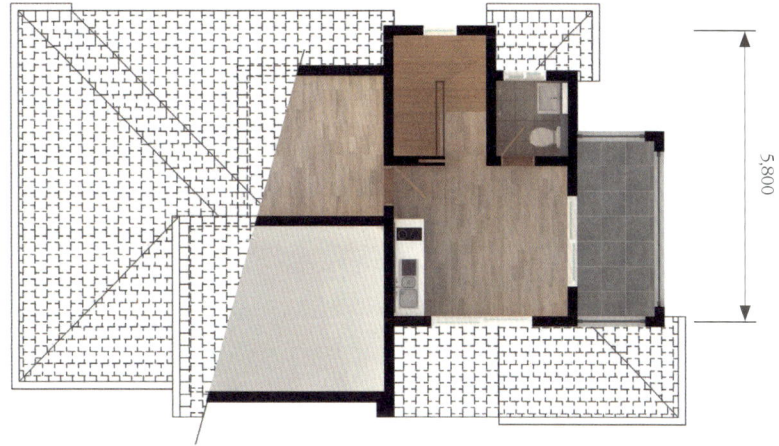

5,600

5,800

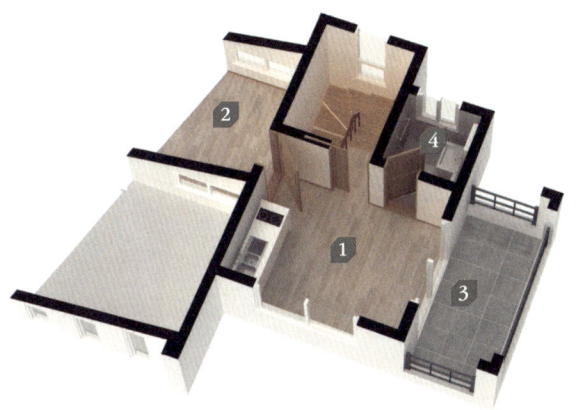

공간
구성

1. 가족실
2. 다락방
3. 발코니
4. 욕실2

건축 마감

단열재
insulating materials

외부벽체(Glasswool Insulation R21HD-15″ 나등급)

- 크나우프社 ECOBATT(ECOSE® 특허)
- HD: 저에너지하우스용/15인치(381㎜)* 동등제품

내부벽체(Glasswool Insulation R19-15″ 다등급)

천장(Glasswool Insulation R30-15″ 다등급)

지붕(Glasswool Insulation R37-23″ 나등급)

- ISOVER社 에너지세이버

*단열기준은 2016년 7월 1일자로 변경되는 단열기준법을 적용하여 강화시켜 놓았습니다.

기초공사
ground-making

- 지중보기초 〈800㎜〉 슬라브 두께 250㎜(G.L-300/G.L+500㎜ 기준)
- 규준틀, 먹메김, 터파기, 되메우기, PE필름깔기
- 철근: 13㎜@300복배근/콘크리트 규격: 25-210-12
- 바닥단열재(스티로폼) 100㎜

※ 동력선기초/줄기초공법 별도 견적

골조공사
construction using the frame

- STUD: 2′X6′X8′Wall(층고: 1층 2.7m/2층 2.4m)
- 수종: 가문비나무 – 소나무 – 전나무

※ 외벽2′X8′로 교체시 평당 6만원 추가/인슐레이션까지 추가 시 평당 10만원 추가

- 2층바닥장선: 2′X10′@16″(406㎜), 등급: 2등급(#2&BTR)
- 천장장선: 2′X6′@24″(610㎜), 함수율 19%
- 서까래: 2′X8′@24″(610㎜), 원산지: 북미-캐나다/미국
- 용마루: 2′X12′
- 외벽 및 지붕: 4′X8′X11.1T OSB합판
- 2층 바닥: 4′X8′X18.3TT&G합판
- 투습방수지/레인스트린: 탐린드레인 하우즈랩 or 동등제품

지붕 마감재
이중그림자엉글 #돌회색

외벽 마감재
스타코플렉스 #Moonlight-311

포인트 마감재1
노벨스톤 #NB-419

포인트 마감재2
적삼목 사이딩

17,028만원

박공지붕과 모던의 만남

36.1평 | 모던스타일 | 목조주택 | 외벽: 스타코플렉스 | 지붕: 아스팔트슁글

외벽 포인트: 인조석

* 위 평수는 전용면적, 포치, 발코니, 다락방 등을 포함한 시공면적 기준이다.

2층 36.1평형 전원주택. 일본에서 자주 볼 수 있는 외관을 가진 전원주택. 블랙 톤의 지붕재와 마감재 그리고 창문 랩핑은 차분한 느낌을 제공한다. 깔끔한 마감과 엇갈려 있는 지붕 디자인은 어느 각도로 보나 훌륭하다.

----

1. 집의 이름을 정한다면?

   박공지붕과 모던의 만남

2. 외부 디자인적 포인트는?

   단 한 가지의 블랙 포인트 색만 사용

3. 거주 예상 인원은?

   4명

4. 이 집에서 가장 눈여겨봐야 할 점은?

   2층 발코니

5. 키워드로 총평을 내린다면?

   특별한 외장 포인트가 없어도 멋진 집

공법	기초-일반 목구조	
구조	2층-목구조	
연면적	120.90㎡	
1층 면적	76.79㎡	
2층 면적	44.11㎡	
발코니 면적	7.57㎡	
내용	**면적**	**실공사금**
전용면적	32.70평	147,150,000
포치	1.14평	2,280,000
2층 발코니	2.29평	5,954,000
목재 데크	5.00평	3,500,000
인조석	20.00㎡	700,000
창호추가	1.00식	5,300,000
설계비	36.00평	5,400,000
총 금액		170,284,000

(단위: 원, VAT 포함)

거실과 주방은 시각적으로 오픈
시켜 개방감을 극대화하고 나머
지 공간들은 한 곳에 몰아놓아
동선을 최소화할 수 있게 하였다.

12,000

7,500

공간 구성

1. 현관
2. 거실
3. 주방
4. 방1
5. 다용도실
6. 창고
7. 욕실1

2층 평면

가족실과 긴 복도를 통해 갤러리 같은 분위기를 주었으며 각 방을 양쪽 끝에 배치해 아이들의 사생활을 지켜줄 수 있도록 배려하였다.

10,600

5,800

공간 구성

1. 방2
2. 방3
3. 발코니
4. 욕실2

건축
마감

단열재
insulating materials

외부벽체(Glasswool Insulation R21HD-15″ 나등급)

- 크나우프社 ECOBATT(ECOSE® 특허)
- HD: 저에너지하우스용/15인치(381㎜)* 동등제품

내부벽체(Glasswool Insulation R19-15″ 다등급)

천장(Glasswool Insulation R30-15″ 다등급)

지붕(Glasswool Insulation R37-23″ 나등급)

- ISOVER社 에너지세이버

*단열기준은 2016년 7월 1일자로 변경되는 단열기준법을 적용하여 강화시켜 놓았습니다.

기초공사
ground-making

- 지중보기초〈800㎜〉슬라브 두께 250㎜(G.L-300/G.L+500㎜ 기준)
- 규준틀, 먹메김, 터파기, 되메우기, PE필름깔기
- 철근: 13㎜@300복배근/콘크리트 규격: 25-210-12
- 바닥단열재(스티로폼) 100㎜

※ 동력선기초/줄기초공법 별도 견적

골조공사
construction using the frame

- STUD: 2′X6′X8′Wall(층고: 1층 2.7m/2층 2.4m)
- 수종: 가문비나무 – 소나무 – 전나무

※ 외벽2′X8′로 교체시 평당 6만원 추가/인슐레이션까지 추가 시 평당 10만원 추가

- 2층바닥장선: 2′X10′@16″(406㎜), 등급: 2등급(#2&BTR)
- 천장장선: 2′X6′@24″(610㎜), 함수율 19%
- 서까래: 2′X8′@24″(610㎜), 원산지: 북미-캐나다/미국
- 용마루: 2′X12′
- 외벽 및 지붕: 4′X8′X11.1T OSB합판
- 2층 바닥: 4′X8′X18.3TT&G합판
- 투습방수지/레인스트린: 탐린드레인 하우즈랩 or 동등제품

지붕 마감재
이중그림자셩글 #돌회색

외벽 마감재
스타코플렉스 #Moonlight-311

포인트 마감재
노벨스톤 #BCK-190

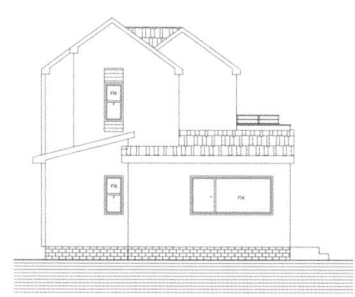

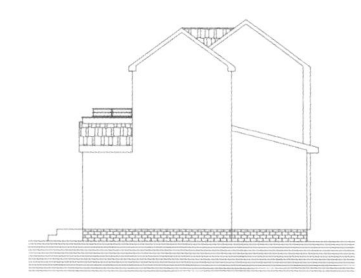

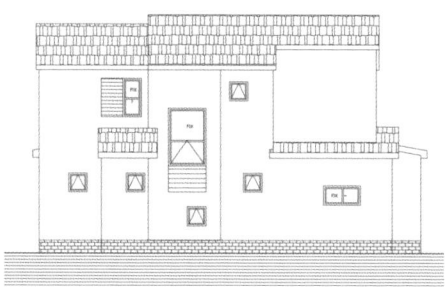

17,175만원

모던하고 심플한 단층 주택을 논하다

36.3평 | 모던스타일 | 목조주택 | 외벽: 스타코플렉스 | 지붕: 이중그림자성글, 리얼징크

외벽 포인트: 적삼목 사이딩, 파벽돌

* 위 평수는 전용면적, 포치, 발코니, 다락방 등을 포함한 시공면적 기준이다.

단층 36.3평형 전원주택. 적삼목 사이딩으로 포인트를 준 모던한 스타일. 단층으로 36평이라는 공간을 대지에 펼쳐놓아 주거의 편의를 돕도록 설계했다. 독특한 모양의 지붕은 이중그림자성글로 마무리되어 단정하면서도 주변 지형과 조화를 이뤄 따뜻한 느낌을 준다.

....

1. 집의 이름을 정한다면?

모던하고 심플한 단층 주택을 논하다

2. 외부 디자인적 포인트는?

사선으로 뺀 지붕선

3. 거주 예상 인원은?

4명

4. 이 집에서 가장 눈여겨봐야 할 점은?

우측 거실과 주방을 이어주는 데크

5. 키워드로 총평을 내린다면?

넓은 공간의 단층 주택

....

공법	기초-일반 목구조	
구조	1층-목구조	
연면적	123.76㎡	
1층 면적	123.76㎡	
포치 면적	9.91㎡	
내용	**면적**	**실공사금**
전용면적	33.30평	149,850,000
포치	3.00평	6,000,000
목재 데크	4.00평	2,800,000
석재 데크	3.00평	1,200,000
타일 데크	1.30평	1,170,000
징크 후레싱	25.00㎡	1,750,000
EPS몰딩	26.00m	780,000
창호추가	1.00식	2,100,000
3중연동도어	1.00식	700,000
설계비	36.00평	5,400,000
총 금액		**171,750,000**

(단위: 원, VAT 포함)

1층 평면

18,900

7,500

현관을 중심으로 개인 공간과 공용 공간을 구분해 각 영역성을 확보하고, 거실과 주방의 맞물리는 공간계획을 통해 집이 더 넓어 보이는 효과를 가져왔다.

공간 구성

1. 현관
2. 거실
3. 주방
4. 방1
5. 방2
6. 방3
7. 간이주방
8. 드레스룸
9. 보일러실
10. 욕실1
11. 욕실2

건축 마감

단열재
insulating materials

외부벽체(Glasswool Insulation R21HD-15″ 나등급)

· 크나우프社 ECOBATT(ECOSE® 특허)

· HD: 저에너지하우스용/15인치(381㎜)* 동등제품

내부벽체(Glasswool Insulation R19-15″ 다등급)

천장(Glasswool Insulation R30-15″ 다등급)

지붕(Glasswool Insulation R37-23″ 나등급)

· ISOVER社 에너지세이버

*단열기준은 2016년 7월 1일자로 변경되는 단열기준법을 적용하여 강화시켜 놓았습니다.

기초공사
ground-making

· 지중보기초〈800㎜〉 슬라브 두께 250㎜(G.L-300/G.L+500㎜ 기준)

· 규준틀, 먹메김, 터파기, 되메우기, PE필름깔기

· 철근: 13㎜@300복배근/콘크리트 규격: 25-210-12

· 바닥단열재(스티로폼) 100㎜

※ 동력선기초/줄기초공법 별도 견적

골조공사
construction using the frame

· STUD: 2′X6′X8′Wall(층고: 1층 2.7m/2층 2.4m)

· 수종: 가문비나무 - 소나무 - 전나무

※ 외벽2′X8′로 교체시 평당 6만원 추가/인슐레이션까지 추가 시 평당 10만원 추가

· 2층바닥장선: 2′X10′@16″(406㎜), 등급: 2등급(#2&BTR)

· 천장장선: 2′X6′@24″(610㎜), 함수율 19%

· 서까래: 2′X8′@24″(610㎜), 원산지: 북미-캐나다/미국

· 용마루: 2′X12′

· 외벽 및 지붕: 4′X8′X11.1T OSB합판

· 2층 바닥: 4′X8′X18.3TT&G합판

· 투습방수지/레인스트린: 탐린드레인 하우즈랩 or 동등제품

지붕 마감재1
이중그림자성글 #돌회색

지붕 마감재2
리얼징크-프린트강판 #하늘빛 기업 리얼다크진

외벽 마감재
스타코플렉스 #Moonlight311

포인트 마감재1
노벨스톤 #BCK-190

포인트 마감재2
적삼목 사이딩

17,290만원

자연과 호흡하는 집

33.9평 | 모던스타일 | 목조주택 | 외벽: 스타코플렉스 | 지붕: 이중그림자성글

외벽 포인트: 세라믹 사이딩

* 위 평수는 전용면적, 포치, 발코니, 다락방 등을 포함한 시공면적 기준이다.

2층 33.9평형 전원주택. 동일한 기울기의 회색빛 박공지붕은 미국의 유명한 전원주택 단지에 와있는 듯한 착각을 불러일으킨다. 수수한 멋을 내기 위해 무채색 계열로 포인트를 주었고 발코니와 포치, ㄱ자형 공간 배치로 입면의 볼륨감을 극대화했다. 블랙 랩핑과 세라믹 사이딩 포인트로 한층 고급스러워 보인다.

....

1. 집의 이름을 정한다면?
   자연과 호흡하는 집
2. 외부 디자인적 포인트는?
   박공지붕과 화이트 외벽의 조화
3. 거주 예상 인원은?
   4명
4. 이 집에서 가장 눈여겨봐야 할 점은?
   가로로 오픈 구성되는 거실과 주방 공간
5. 키워드로 총평을 내린다면?
   ㄱ자형 집이 가지는 매력의 모든 것

....

공법	기초-일반 목구조	
구조	2층-목구조	
연면적	106.39㎡	
1층 면적	70.46㎡	
2층 면적	35.93㎡	
데크 면적	34.88㎡	
내용	면적	실공사금
전용면적	32.20평	144,900,000
포치	0.50평	1,000,000
석재 데크	10.55평	11,605,000
발코니 단조난간	2.50㎡	250,000
2층 발코니	1.20평	3,120,000
외부 포인트	25.00㎡	875,000
벽난로 굴뚝	1.00식	1,000,000
각방 온도조절기	1.00식	1,000,000
창호추가	1.00식	3,500,000
3중연동도어	1.00식	700,000
설계비	33.00평	4,950,000
총 금액		172,900,000

(단위: 원, VAT 포함)

13,700

7,300

ㄱ자형 평면 구성으로 거실과 주방에 채광을
극대화시켰다. 현관과 계단의 코어 부분을 중
심으로 공용 공간 및 개인 공간이 분리되며
전면부 석재 데크를 통해 외부 공간으로의 확
장성도 보장해 주었다.

**공간
구성**

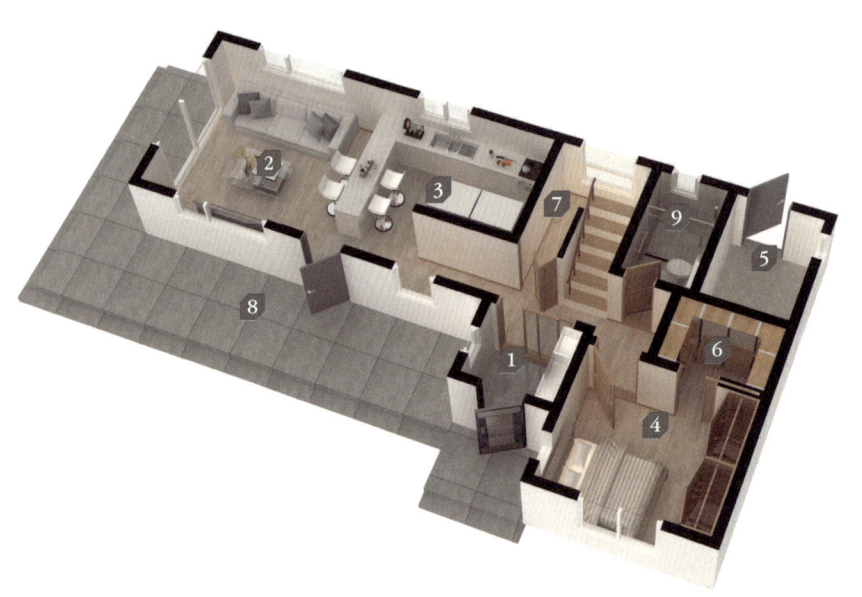

1. 현관

2. 거실

3. 주방

4. 방1

5. 보일러실

6. 드레스룸

7. 창고

8. 데크

9. 욕실1

10,400

5,800

계단을 올라오면 바로 발코니에 접근할 수 있도록 설계했다. 또한 복도를 통해 방 2개를 분리시켜 각 공간의 영역성 및 사생활이 침해받지 않도록 계획하였다.

공간
구성

1. 방2
2. 방3
3. 발코니
4. 욕실2

건축마감

단열재
insulating materials

외부벽체(Glasswool Insulation R21HD-15″ 나등급)

- 크나우프社 ECOBATT(ECOSE® 특허)
- HD: 저에너지하우스용/15인치(381㎜)* 동등제품

내부벽체(Glasswool Insulation R19-15″ 다등급)

천장(Glasswool Insulation R30-15″ 다등급)

지붕(Glasswool Insulation R37-23″ 나등급)

- ISOVER社 에너지세이버

*단열기준은 2016년 7월 1일자로 변경되는 단열기준법을 적용하여 강화시켜 놓았습니다.

기초공사
ground-making

- 지중보기초〈800㎜〉슬라브 두께 250㎜(G.L-300/G.L+500㎜ 기준)
- 규준틀, 먹메김, 터파기, 되메우기, PE필름깔기
- 철근: 13㎜@300복배근/콘크리트 규격: 25-210-12
- 바닥단열재(스티로폼) 100㎜

※ 동력선기초/줄기초공법 별도 견적

골조공사
construction using the frame

- STUD: 2′X6′X8′Wall(층고: 1층 2.7m/2층 2.4m)
- 수종: 가문비나무 – 소나무 – 전나무

※ 외벽2′X8′로 교체시 평당 6만원 추가/인슐레이션까지 추가 시 평당 10만원 추가

- 2층바닥장선: 2′X10′@16″(406㎜), 등급: 2등급(#2&BTR)
- 천장장선: 2′X6′@24″(610㎜), 함수율 19%
- 서까래: 2′X8′@24″(610㎜), 원산지: 북미-캐나다/미국
- 용마루: 2′X12′
- 외벽 및 지붕: 4′X8′X11.1T OSB합판
- 2층 바닥: 4′X8′X18.3TT&G합판
- 투습방수지/레인스트린: 탐린드레인 하우즈랩 or 동등제품

지붕 마감재
이중그림자싱글 #돌회색

외벽 마감재
스타코플렉스 #Moonlight-311

포인트 마감재
세라믹 사이딩 #NK3644A

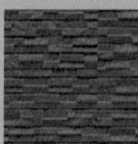

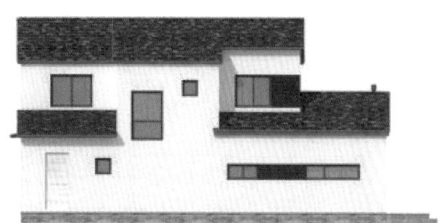

341

17,495만원

가을 단풍이 어울리는 집

36.5평 | 클래식스타일 | 목조주택 | 외벽: 스타코플렉스 | 지붕: 이중그림자셩글

외벽 포인트: 파벽돌

* 위 평수는 전용면적, 포치, 발코니, 다락방 등을 포함한 시공면적 기준이다.

2층 36.5평형 전원주택. 클래식의 정석이라 할 수 있는 디자인이며 자식들을 모두 출가 시키고 여유롭고 조용한 노후를 보내고자 하는 분들에게 인기가 많다. 저렴한 비용으로 가성비가 높으며 ㄱ자형 배치로 전 실이 균일한 채광을 받을 수 있다.

....

1. 집의 이름을 정한다면?

가을 단풍이 어울리는 집

2. 외부 디자인적 포인트는?

우측에 다각형으로 설치된 베이윈도우

3. 거주 예상 인원은?

4명

4. 이 집에서 가장 눈여겨봐야 할 점은?

ㄱ자형 평면 구성

5. 키워드로 총평을 내린다면?

좁은 땅에 짓기 안성맞춤

....

공법	기초-일반 목구조	
구조	2층-목구조	
연면적	113.90㎡	
1층 면적	68.10㎡	
2층 면적	45.80㎡	
발코니 면적	3.30㎡	
내용	면적	실공사금
전용면적	34.50평	155,250,000
포치	1.00평	2,500,000
2층 발코니	1.00평	2,600,000
파벽돌	30.00㎡	1,000,000
베이 윈도우	1.00식	1,000,000
EPS몰딩	100.00m	3,000,000
창호추가	1.00식	3,500,000
3중연동도어	1.00식	700,000
설계비	36.00평	5,400,000
총 금액		**174,950,000**

(단위: 원, VAT 포함)

공용 공간으로 거실과 주방을 구획
하되 시각적인 측면에서 오픈시켜
개방감을 극대화하였다. 그리고 나
머지 공간들을 한 곳에 몰아놓아
동선을 최소화하였다.

10,600

9,000

공간
구성

1. 현관
2. 거실
3. 주방
4. 방1
5. 보일러실
6. 창고
7. 욕실1

344

2층 평면

가족실과 긴 복도를 통해 갤러리와 같은 공간감을 느낄 수 있으며, 각 방을 양쪽에 배치해 사생활이 보호된다.

10,600

9,000

공간 구성

1. 가족실
2. 방2
3. 방3
4. 발코니
5. 욕실2

건축 마감

단열재
insulating materials

외부벽체(Glasswool Insulation R21HD-15″ 나등급)

- 크나우프社 ECOBATT(ECOSE® 특허)
- HD: 저에너지하우스용/15인치(381㎜)* 동등제품

내부벽체(Glasswool Insulation R19-15″ 다등급)

천장(Glasswool Insulation R30-15″ 다등급)

지붕(Glasswool Insulation R37-23″ 나등급)

- ISOVER社 에너지세이버

*단열기준은 2016년 7월 1일자로 변경되는 단열기준법을 적용하여 강화시켜 놓았습니다.

기초공사
ground-making

- 지중보기초〈800㎜〉슬라브 두께 250㎜(G,L-300/G,L+500㎜ 기준)
- 규준틀, 먹메김, 터파기, 되메우기, PE필름깔기
- 철근: 13㎜@300복배근/콘크리트 규격: 25-210-12
- 바닥단열재(스티로폼) 100㎜

※ 동력선기초/줄기초공법 별도 견적

골조공사
construction using the frame

- STUD: 2′X6′X8′Wall(층고: 1층 2.7m/2층 2.4m)
- 수종: 가문비나무 – 소나무 – 전나무

※ 외벽2′X8′로 교체시 평당 6만원 추가/인슐레이션까지 추가 시 평당 10만원 추가

- 2층바닥장선: 2′X10′@16″(406㎜), 등급: 2등급(#2&BTR)
- 천장장선: 2′X6′@24″(610㎜), 함수율 19%
- 서까래: 2′X8′@24″(610㎜), 원산지: 북미-캐나다/미국
- 용마루: 2′X12′
- 외벽 및 지붕: 4′X8′X11.1T OSB합판
- 2층 바닥: 4′X8′X18.3TT&G합판
- 투습방수지/레인스트린: 탐린드레인 하우즈랩 or 동등제품

지붕 마감재
이중그림자셩글 #연밤색

외벽 마감재
스타코플렉스 #Moonlight-311

포인트 마감재
노벨스톤 #NB-570

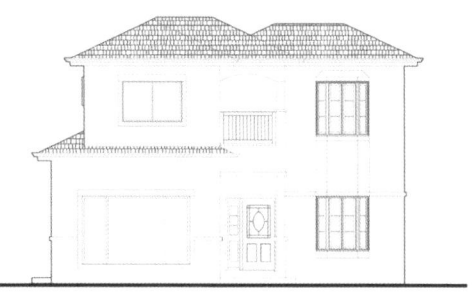

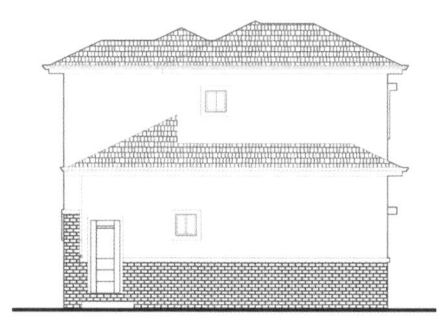

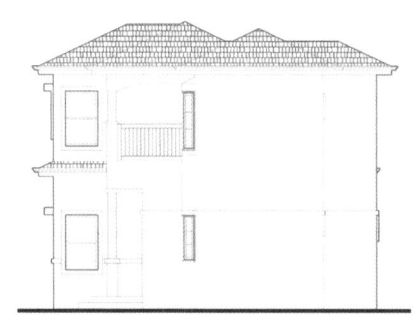

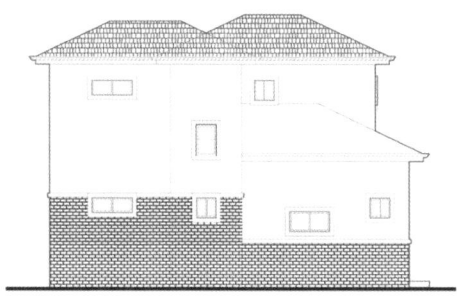

17,527만원

봄바람의 정취를 느낄 수 있는 집

38.2평 | **모던스타일** | **목조주택** | **외벽: 스타코플렉스** | **지붕: 이중그림자싱글**

외벽 포인트: 적삼목 사이딩, 파벽돌

* 위 평수는 전용면적, 포치, 발코니, 다락방 등을 포함한 시공면적 기준이다.

2층 38.2평형 전원주택. 다양한 경사면을 활용한 지붕 디자인으로 독특한 입면이 완성되었다. 적삼목 사이딩으로 포인트를 주었고 자재 본연의 느낌이 강한 인조석 마감, 투 톤의 스타코플렉스로 마감하였다.

....

1. 집의 이름을 정한다면?

　봄바람의 정취를 느낄 수 있는 집

2. 외부 디자인적 포인트는?

　외쪽지붕을 적용한 모던 디자인

3. 거주 예상 인원은?

　4명

4. 이 집에서 가장 눈여겨봐야 할 점은?

　2층의 넓은 지붕형 발코니

5. 키워드로 총평을 내린다면?

　박스형이 아니더라도 충분히 모던하다

....

공법	기초-일반 목구조	
구조	2층-목구조	
연면적	170.13㎡	
1층 면적	76.53㎡	
2층 면적	46.80㎡	
발코니 면적	14.21㎡	
내용	면적	실공사금
전용면적	31.00평	139,500,000
포치	2.90평	5,800,000
목재 데크	7.30평	5,110,000
2층 발코니	4.30평	9,460,000
파벽돌	40.00㎡	1,400,000
적삼목 사이딩	20.00㎡	800,000
평철난간	7.00m	5,500,000
창호추가	1.00식	1,000,000
3중연동도어	1.00식	1,000,000
설계비	38.00평	5,700,000
총 금액		175,270,000

(단위: 원, VAT 포함)

11,400

6,800

주방과 거실을 오픈해 개
방된 공간감을 느낄 수 있
으며 자칫 좁아질 수 있는
내부 공간의 한계를 극복
하기 위해 외부 데크를 설
치해 외부 공간으로의 확
장성을 도모하였다.

공간
구성

1. 현관
2. 거실
3. 주방
4. 방1
5. 다용도실
6. 드레스룸
7. 데크
8. 포치
9. 욕실1

2층 평면

아이들을 위한 독립적인 공간을 구성하였다.
2개의 방, 욕실, 발코니를 배치했다.

8,600

6,400

공간 구성

1. 가족실
2. 방2
3. 방3
4. 발코니
5. 욕실2

건축 마감

단열재
insulating materials

외부벽체(Glasswool Insulation R21HD-15″ 나등급)

- 크나우프社 ECOBATT(ECOSE® 특허)
- HD: 저에너지하우스용/15인치(381mm)* 동등제품

내부벽체(Glasswool Insulation R19-15″ 다등급)

천장(Glasswool Insulation R30-15″ 다등급)

지붕(Glasswool Insulation R37-23″ 나등급)

- ISOVER社 에너지세이버

*단열기준은 2016년 7월 1일자로 변경되는 단열기준법을 적용하여 강화시켜 놓았습니다.

기초공사
ground-making

- 지중보기초〈800mm〉슬라브 두께 250mm(G.L-300/G.L+500mm 기준)
- 규준틀, 먹메김, 터파기, 되메우기, PE필름깔기
- 철근: 13mm@300복배근/콘크리트 규격: 25-210-12
- 바닥단열재(스티로폼) 100mm

※ 동력선기초/줄기초공법 별도 견적

골조공사
construction using the frame

- STUD: 2′X6′X8′Wall(층고: 1층 2.7m/2층 2.4m)
- 수종: 가문비나무 – 소나무 – 전나무

※ 외벽2′X8′로 교체시 평당 6만원 추가/인슐레이션까지 추가 시 평당 10만원 추가

- 2층바닥장선: 2′X10′@16″(406mm), 등급: 2등급(#2&BTR)
- 천장장선: 2′X6′@24″(610mm), 함수율 19%
- 서까래: 2′X8′@24″(610mm), 원산지: 북미-캐나다/미국
- 용마루: 2′X12′
- 외벽 및 지붕: 4′X8′X11.1T OSB합판
- 2층 바닥: 4′X8′X18.3TT&G합판
- 투습방수지/레인스트린: 탐린드레인 하우즈랩 or 동등제품

지붕 마감재
이중그림자싱글 #돌회색

외벽 마감재
스타코플렉스 #Moonlight311

포인트 마감재1
노벨스톤 #NB-314

포인트 마감재2
적삼목 사이딩

17,945만원

단층 주택의 한계를 넘다

36평 | 모던스타일 | 목조주택 | 외벽: 스타코플렉스 | 지붕: 이중그림자싱글

외벽 포인트: 리얼징크, 적삼목 사이딩

* 위 평수는 전용면적, 포치, 발코니, 다락방 등을 포함한 시공면적 기준이다.

단층 36평형 전원주택. 모던한 외관이 '단층은 예쁘지 않다'는 편견을 깨준다. 별도의 외장 포인트 비용이 없어 가성비가 높게 설계되었다. ㄷ자형 실 배치로 유니크한 공간감과 입체감을 만들어내고 있다.

··

1. 집의 이름을 정한다면?

단층 주택의 한계를 넘다

2. 외부 디자인적 포인트는?

'단층은 예쁘지 않다'라는 편견을 깼다

3. 거주 예상 인원은?

4명

4. 이 집에서 가장 눈여겨봐야 할 점은?

박공지붕의 매스 디자인

5. 키워드로 총평을 내린다면?

35평 미만은 단층으로 해야 공간이 쓰임새 있다

··

공법	기초-철근콘크리트	
구조	2층-목구조	
연면적	118.91㎡	
1층 면적	105.93㎡	
2층 면적	12.98㎡	
내용	면적	실공사금
전용면적	31.00평	139,500,000
포치	1.00평	2,000,000
석재 데크	12.00평	13,200,000
다락방	4.00평	12,000,000
다락방계단	1.00식	1,000,000
EPS몰딩	45.00m	1,350,000
리얼징크	36.00㎡	3,000,000
창호추가	1.00식	2,000,000
설계비	36.00평	5,400,000
총 금액		179,450,000

(단위: 원, VAT 포함)

17,400

9,300

ㄷ자형 주택으로서 유니크한 공간이 눈에 띈다. 주방과 거실을 분리해
각 공간의 영역성을 확보했으며 앞쪽의 넓은 데크로 내부 공간의 제약
을 해결하였다.

공간
구성

1. 현관
2. 거실
3. 주방
4. 방1
5. 방2
6. 방3
7. 다용도실
8. 드레스룸
9. 보일러실
10. 욕실1
11. 욕실2

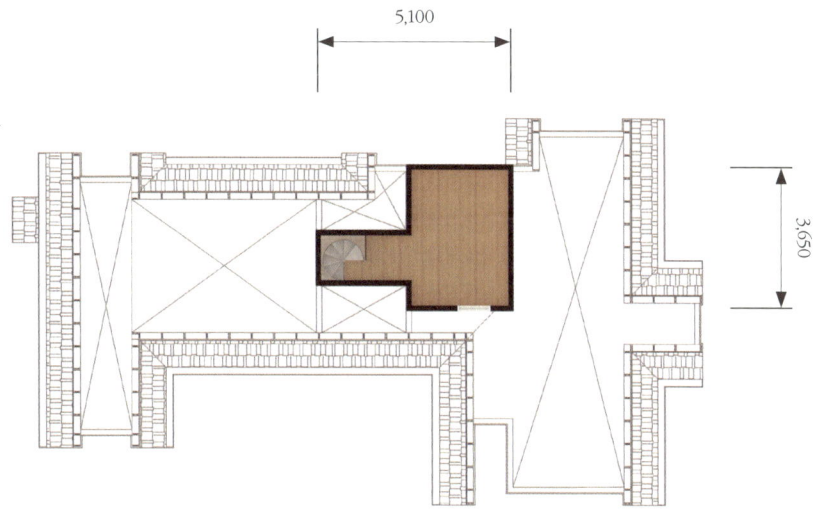

5,100

3,650

수납공간이 부족해 별도의 다락방을 만들었다. 다락방을 통해 쾌적한

주거 공간을 만들어냈다.

1. 다락방

건축 마감

단열재
insulating materials

외부벽체(Glasswool Insulation R21HD-15″ 나등급)

- 크나우프社 ECOBATT(ECOSE® 특허)
- HD: 저에너지하우스용/15인치(381㎜)* 동등제품

내부벽체(Glasswool Insulation R19-15″ 다등급)

천장(Glasswool Insulation R30-15″ 다등급)

지붕(Glasswool Insulation R37-23″ 나등급)

- ISOVER社 에너지세이버

*단열기준은 2016년 7월 1일자로 변경되는 단열기준법을 적용하여 강화시켜 놓았습니다.

기초공사
ground-making

- 지중보기초〈800㎜〉슬라브 두께 250㎜(G,L-300/G,L+500㎜ 기준)
- 규준틀, 먹메김, 터파기, 되메우기, PE필름깔기
- 철근: 13㎜@300복배근/콘크리트 규격: 25-210-12
- 바닥단열재(스티로폼) 100㎜

※ 동력선기초/줄기초공법 별도 견적

골조공사
construction using the frame

- STUD: 2′X6′X8′Wall(층고: 1층 2.7m/2층 2.4m)
- 수종: 가문비나무 – 소나무 – 전나무

※ 외벽2′X8′로 교체시 평당 6만원 추가/인슐레이션까지 추가 시 평당 10만원 추가

- 2층바닥장선: 2′X10′@16″(406㎜), 등급: 2등급(#2&BTR)
- 천장장선: 2′X6@24″(610㎜), 함수율 19%
- 서까래: 2′X8@24″(610㎜), 원산지: 북미-캐나다/미국
- 용마루: 2′X12′
- 외벽 및 지붕: 4′X8′X11.1T OSB합판
- 2층 바닥: 4′X8′X18.3TT&G합판
- 투습방수지/레인스트린: 탐린드레인 하우즈랩 or 동등제품

지붕 마감재
이중그림자싱글 #돌회색

외벽 마감재
스타코플렉스 #Moonlight-311

포인트 마감재1
리얼징크 #하늘빛기업-리얼블루진

포인트 마감재2
적삼목 사이딩

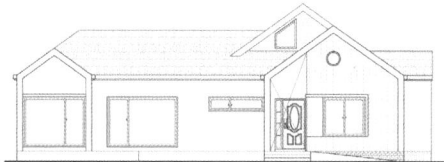

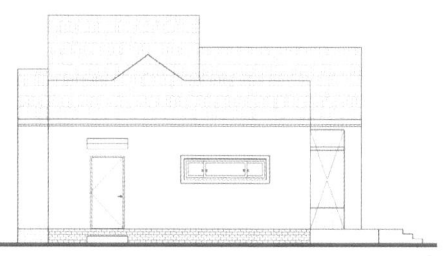

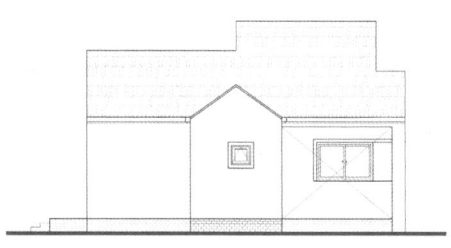

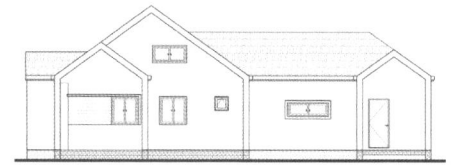

18,109만원

햇볕 잘 드는 남향집

38평 | 모던스타일 | 목조주택 | 외벽: 스타코플렉스 | 지붕: 이중그림자성글, 리얼징크

외벽 포인트: 적삼목 사이딩, 파벽돌

* 위 평수는 전용면적, 포치, 발코니, 다락방 등을 포함한 시공면적 기준이다.

2층 38평형 전원주택. 화이트 톤의 외벽에 징크와 적삼목 포인트를 적용해 깔끔하면 서도 멋스러운 집이 완성되었다. 지붕의 경 사도를 레벨이 맞춰 디자인하고 전면부 입 면에 징크 포치와 지붕을 얹어 세련된 느낌 을 준다. 전 실이 남향으로 배치된 덕분에 채광이 최고다.

....

1. 집의 이름을 정한다면?
　햇볕이 잘 드는 남향집
2. 외부 디자인적 포인트는?
　군더더기 없는 정갈한 디자인
3. 거주 예상 인원은?
　4명
4. 이 집에서 가장 눈여겨봐야 할 점은?
　창문 주위의 EPS몰딩
5. 키워드로 총평을 내린다면?
　창은 남향으로 낼 것을 강력 추천

....

공법	기초-일반 목구조	
구조	2층-목구조	
연면적	119.90㎡	
1층 면적	65.30㎡	
2층 면적	54.60㎡	
포치 면적	3.3㎡	
내용	**면적**	**실공사금**
전용면적	35.00평	157,500,000
포치	1.00평	2,000,000
포치 석재마감	1.00평	400,000
목재 데크	1.00평	700,000
2층 발코니	2.00평	4,400,000
EPS몰딩	33.00㎡	990,000
리얼징크	30.00㎡	2,700,000
포인트	10.00㎡	1,500,000
각방 온도조절기	1.00식	1,000,000
창호추가	1.00식	3,500,000
3중연동도어	1.00식	700,000
설계비	38.00평	5,700,000
총 금액		**181,090,000**

(단위: 원, VAT 포함)

13,100

6,300

직사각형 배치로 마당을 최대한 활용 가능하
도록 하였다. 거실과 주방을 일자로 오픈하고
데크까지 시공해 내·외부 모든 공간을 알차
게 만들었다.

공간
구성

1. 현관
2. 거실
3. 주방
4. 방1
5. 다용도실
6. 보일러실
7. 데크
8. 욕실1

2층
평면

2세대가 거주 가능하도록 거실과 별도의 간이주
방을 만들었다. 욕실과 드레스룸까지 배치해 부
족함 없는 공간이라 할 수 있다.

공간
구성

1. 거실
2. 방2
3. 방3
4. 간이주방
5. 드레스룸
6. 욕실2

건축 마감

단열재
insulating materials

외부벽체(Glasswool Insulation R21HD-15″ 나등급)

- 크나우프社 ECOBATT(ECOSE® 특허)
- HD: 저에너지하우스용/15인치(381㎜)* 동등제품

내부벽체(Glasswool Insulation R19-15″ 다등급)

천장(Glasswool Insulation R30-15″ 다등급)

지붕(Glasswool Insulation R37-23″ 나등급)

- ISOVER社 에너지세이버

*단열기준은 2016년 7월 1일자로 변경되는 단열기준법을 적용하여 강화시켜 놓았습니다.

기초공사
ground-making

- 지중보기초〈800㎜〉슬라브 두께 250㎜(G.L-300/G.L+500㎜ 기준)
- 규준틀, 먹메김, 터파기, 되메우기, PE필름깔기
- 철근: 13㎜@300복배근/콘크리트 규격: 25-210-12
- 바닥단열재(스티로폼) 100㎜

※ 동력선기초/줄기초공법 별도 견적

골조공사
construction using the frame

- STUD: 2′X6′X8′Wall(층고: 1층 2.7m/2층 2.4m)
- 수종: 가문비나무 – 소나무 – 전나무

※ 외벽2′X8′로 교체시 평당 6만원 추가/인슐레이션까지 추가 시 평당 10만원 추가

- 2층바닥장선: 2′X10′@16″(406㎜), 등급: 2등급(#2&BTR)
- 천장장선: 2′X6@24″(610㎜), 함수율 19%
- 서까래: 2′X8′@24″(610㎜), 원산지: 북미-캐나다/미국
- 용마루: 2′X12′
- 외벽 및 지붕: 4′X8′X11.1T OSB합판
- 2층 바닥: 4′X8′X18.3TT&G합판
- 투습방수지/레인스트린: 탐린드레인 하우즈랩 or 동등제품

지붕 마감재1
리얼징크-프린트강판 #하늘빛 기업 리얼다크진

지붕 마감재2
이중그림자섕글 #돌회색

외벽 마감재
스타코플랙스 #Moonlight-311

포인트 마감재
적삼목 사이딩

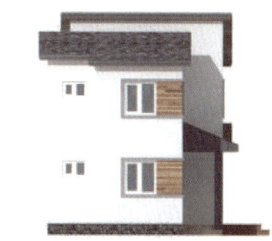

18,217만원

취향 저격 전원주택

39.3평 | 모던스타일 | 목조주택 | 외벽: 스타코플렉스 | 지붕: 리얼징크

외벽 포인트: 적삼목 사이딩, 파벽돌

* 위 평수는 전용면적, 포치, 발코니, 다락방 등을 포함한 시공면적 기준이다.

2층 39.3평형 전원주택. ㄱ자형 평면과 블록을 쌓아놓은 듯한 박스형 입면으로 여성분들께 인기가 많은 편이다. 외장 추가 비용 없이 스타코플렉스의 색상 조절만으로 세련된 입면을 만들어냈고 독특한 실 배치로 재미있는 구성이 완성되었다.

....

1. 집의 이름을 정한다면?
   취향 저격 전원주택

2. 외부 디자인적 포인트는?
   볼륨감을 극대화한 매스 분절 디자인

3. 거주 예상 인원은?
   4명

4. 이 집에서 가장 눈여겨봐야 할 점은?
   외장재의 색을 바꿔주는 것만으로도 전혀 다른 분위기가 난다

5. 키워드로 총평을 내린다면?
   여성의 라이프스타일에 맞춘 주택

....

공법	기초-일반 목구조	
구조	2층-목구조	
연면적	117.14㎡	
1층 면적	88.31㎡	
2층 면적	28.83㎡	
데크 면적	29.75㎡	
내용	**면적**	**실공사금**
전용면적	33.27평	149,715,000
포치	4.00평	6,000,000
목재 데크	9.00평	6,300,000
2층 발코니	2.00평	4,000,000
파벽돌	24.00㎡	840,000
평철난간	5.00m	750,000
리얼징크	20.00㎡	3,000,000
EPS몰딩	11.00m	220,000
각방 온도조절기	1.00식	1,000,000
창호추가	1.00식	4,500,000
설계비	39.00평	5,850,000
총 금액		**182,175,000**

(단위: 원, VAT 포함)

포치부터 이어지는 현관 그 자체로
내부 공간의 프라이버시가 보장되며
거실과 주방을 중심으로 전체 공간
을 배치해 균형감을 유지하고 있다.
다용도실과 뒷마당으로 이어지는 데
크를 설치해 마당을 다양하게 활용
할 수 있다.

공간
구성

1. 현관
2. 거실
3. 주방
4. 방1
5. 방2
6. 창고 및 보일러실
7. 드레스룸
8. 창고
9. 보일러실
10. 데크
11. 포치
12. 욕실1

2층 평면

단 하나의 공간을 배치해 작업실(취미실) 공간으로 사용된
다. 발코니는 지붕형으로 구성해 비오는 날 빗소리를 감상
할 수 있다.

공간 구성

1. 가족실
2. 방3
3. 발코니
4. 욕실2

369

건축 마감

단열재
insulating materials

외부벽체(Glasswool Insulation R21HD-15″ 나등급)

- 크나우프社 ECOBATT(ECOSE® 특허)
- HD: 저에너지하우스용/15인치(381㎜)* 동등제품

내부벽체(Glasswool Insulation R19-15″ 다등급)

천장(Glasswool Insulation R30-15″ 다등급)

지붕(Glasswool Insulation R37-23″ 나등급)

- ISOVER社 에너지세이버

*단열기준은 2016년 7월 1일자로 변경되는 단열기준법을 적용하여 강화시켜 놓았습니다.

기초공사
ground-making

- 지중보기초〈800㎜〉슬라브 두께 250㎜(G,L-300/G,L+500㎜ 기준)
- 규준틀, 먹메김, 터파기, 되메우기, PE필름깔기
- 철근: 13㎜@300복배근/콘크리트 규격: 25-210-12
- 바닥단열재(스티로폼) 100㎜

※ 동력선기초/줄기초공법 별도 견적

골조공사
construction using the frame

- STUD: 2′X6′X8′Wall(층고: 1층 2.7m/2층 2.4m)
- 수종: 가문비나무 – 소나무 – 전나무

※ 외벽2′X8′로 교체시 평당 6만원 추가/인슐레이션까지 추가 시 평당 10만원 추가

- 2층바닥장선: 2′X10′@16″(406㎜), 등급: 2등급(#2&BTR)
- 천장장선: 2′X6′@24″(610㎜), 함수율 19%
- 서까래: 2′X8′@24″(610㎜), 원산지: 북미-캐나다/미국
- 용마루: 2′X12′
- 외벽 및 지붕: 4′X8′X11.1T OSB합판
- 2층 바닥: 4′X8′X18.3TT&G합판
- 투습방수지/레인스트린: 탐린드레인 하우즈랩 or 동등제품

지붕 마감재
리얼징크-프런트강판 #하늘빛 기업 리얼다크진

외벽 마감재
스타코플렉스 #Moonlight-311

포인트 마감재1
노벨스톤 #NB-414

포인트 마감재2
적삼목 사이딩

외부
형태

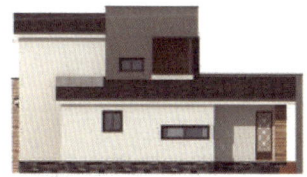

18,321만원

미국식 주택의 분위기를 담다

37.8평 | 클래식스타일 | 목조주택 | 외벽: 스타코플렉스 | 지붕: 아스팔트슁글

외벽 포인트: 노벨스톤-계곡암 프라임, 적삼목 사이딩

* 위 평수는 전용면적, 포치, 발코니, 다락방 등을 포함한 시공면적 기준이다.

2층 37.8평형 전원주택. 베이윈도우(Bay Window; 돌출 창)라는 독특한 창을 시공해 미국식 주택의 분위기가 풍긴다. 주황빛 지붕 마감과 브라운 톤의 파벽돌 마감으로 따뜻하면서도 견고한 안정감이 느껴진다.

....

1. 집의 이름을 정한다면?
　미국식 주택의 분위기를 담다
2. 외부 디자인적 포인트는?
　영화에서 볼 수 있었던 주택 외관
3. 거주 예상 인원은?
　4명
4. 이 집에서 가장 눈여겨봐야 할 점은?
　안정감 있는 박공지붕 디자인
5. 키워드로 총평을 내린다면?
　처마가 있어야 외벽에 오염이 적다

....

공법	기초-경량 목구조	
구조	2층-목구조	
연면적	119.94㎡	
1층 면적	74.97㎡	
2층 면적	44.97㎡	
발코니 면적	6.21㎡	
내용	**면적**	**실공사금**
전용면적	35.00평	157,500,000
포치	1.00평	2,000,000
석재 데크	1.00평	1,100,000
목재 데크	5.50평	3,850,000
2층 발코니	1.80평	3,960,000
EPS몰딩	80.00m	2,400,000
베이윈도우	2.00식	1,000,000
벽난로 굴뚝	1.00식	1,000,000
포켓도어	2.00식	1,000,000
파벽돌	45.00㎡	3,150,000
3중연동도어	1.00식	700,000
설계비	37.00평	5,550,000
총 금액		**183,210,000**

(단위: 원, VAT 포함)

13,200

6,600

균일한 채광을 위해 거실과 주방 모두 남향 배
치하였고 욕실, 다용도실, 창고 등 각 실을 골
고루 구성해 부족함 없는 공간을 만들어냈다.

공간 구성

1. 현관
2. 거실
3. 주방
4. 방1
5. 다용도실
6. 창고
7. 보일러실
8. 욕실1

9,600

6,600

별도의 생활공간을 만들기 위해 방 2개.
욕실과 발코니까지 구성하였다.

1. 거실
2. 방2
3. 방3
4. 발코니
5. 욕실2

건축마감

단열재
insulating materials

외부벽체(Glasswool Insulation R21HD-15″ 나등급)

• 크나우프社 ECOBATT(ECOSE® 특허)

• HD: 저에너지하우스용/15인치(381㎜)* 동등제품

내부벽체(Glasswool Insulation R19-15″ 다등급)

천장(Glasswool Insulation R30-15″ 다등급)

지붕(Glasswool Insulation R37-23″ 나등급)

• ISOVER社 에너지세이버

*단열기준은 2016년 7월 1일자로 변경되는 단열기준법을 적용하여 강화시켜 놓았습니다.

기초공사
ground-making

• 지중보기초〈800㎜〉슬라브 두께 250㎜(G.L-300/G.L+500㎜ 기준)

• 규준틀, 먹메김, 터파기, 되메우기, PE필름깔기

• 철근: 13㎜@300복배근/콘크리트 규격: 25-210-12

• 바닥단열재(스티로폼) 100㎜

※ 동력선기초/줄기초공법 별도 견적

골조공사
construction using the frame

• STUD: 2′X6′X8′Wall(층고: 1층 2.7m/2층 2.4m)

• 수종: 가문비나무 – 소나무 – 전나무

※ 외벽2′X8′로 교체시 평당 6만원 추가/인슐레이션까지 추가 시 평당 10만원 추가

• 2층바닥장선: 2′X10′@16″(406㎜), 등급: 2등급(#2&BTR)

• 천장장선: 2′X6@24″(610㎜), 함수율 19%

• 서까래: 2′X8@24″(610㎜), 원산지: 북미-캐나다/미국

• 용마루: 2′X12′

• 외벽 및 지붕: 4′X8′X11.1T OSB합판

• 2층 바닥: 4′X8′X18.3TT&G합판

• 투습방수지/레인스트린: 탐린드레인 하우즈랩 or 동등제품

지붕 마감재
이중그림자렁글 #연방색

외벽 마감재
스타코플렉스 #Moonlight-311

포인트 마감재1
노벨스톤 #NB-570

포인트 마감재2
적삼목 사이딩

18,495만원

박스형 주택의 매력

37평 | 모던스타일 | 목조주택 | 외벽: 스타코플렉스 | 지붕: 이중그림자싱글

외벽 포인트: 파벽돌

* 위 평수는 전용면적, 포치, 발코니, 다락방 등을 포함한 시공면적 기준이다.

2층 37평형 전원주택. 징크와 스타코플렉스 마감만으로 모던함이 잘 드러난다. 박스형 입면과 더불어 알찬 공간 구성은 심플한 아름다움을 극대화한다. 적삼목 사이딩의 간결한 포인트와 창문의 블랙 랩핑은 안정감을 실어주며 전면부의 큰 창은 실내 채광에 효과적인 역할을 한다.

....

1. 집의 이름을 정한다면?
   박스형 주택의 매력
2. 외부 디자인적 포인트는?
   진정한 박스 디자인
3. 거주 예상 인원은?
   4명
4. 이 집에서 가장 눈여겨봐야 할 점은?
   1층은 공용 공간, 2층은 개인 공간
5. 키워드로 총평을 내린다면?
   탁월한 층별 동선 분리

....

공법	기초-일반 목구조	
구조	2층-목구조	
연면적	130.01㎡	
1층 면적	64.87㎡	
2층 면적	65.23㎡	
포치 면적	3.30㎡	
내용	**면적**	**실공사금**
전용면적	30.00평	135,000,000
포치	1.00평	2,000,000
데크	5.00평	3,500,000
2층 발코니	2.00평	4,400,000
다락방	4.00평	14,000,000
외부 포인트	1.00식	2,000,000
1층 오픈천장	1.00식	5,000,000
리얼징크	175.00㎡	8,000,000
창호추가	1.00식	4,000,000
창호 블랙 랩핑	1.00식	1,500,000
설계비	37.00평	5,550,000
총 금액		**184,950,000**

(단위: 원, VAT 포함)

다용도실, 데크 등 최대한 많은 공간을 배치할 수 있도록 하였다.

10,400

7,900

1. 현관
2. 거실
3. 주방
4. 방1
5. 다용도실
6. 창고
7. 데크
8. 욕실1

가족실과 방 3개를 구성해 조
용히 휴식을 취할 수 있도록
하였다. 욕실과 드레스룸, 발
코니까지 있어 2층 생활만으
로도 부족함이 없다.

10,400

7,900

공간
구성

1. 가족실
2. 방2
3. 방3
4. 방4
5. 드레스룸
6. 발코니
7. 욕실2

건축마감

단열재
insulating materials

외부벽체(Glasswool Insulation R21HD-15″ 나등급)

• 크나우프社 ECOBATT(ECOSE® 특허)

• HD: 저에너지하우스용/15인치(381㎜)* 동등제품

내부벽체(Glasswool Insulation R19-15″ 다등급)

천장(Glasswool Insulation R30-15″ 다등급)

지붕(Glasswool Insulation R37-23″ 나등급)

• ISOVER社 에너지세이버

*단열기준은 2016년 7월 1일자로 변경되는 단열기준법을 적용하여 강화시켜 놓았습니다.

기초공사
ground-making

• 지중보기초〈800㎜〉슬라브 두께 250㎜(G.L-300/G.L+500㎜ 기준)

• 규준틀, 먹메김, 터파기, 되메우기, PE필름깔기

• 철근: 13㎜@300복배근/콘크리트 규격: 25-210-12

• 바닥단열재(스티로폼) 100㎜

※ 동력선기초/줄기초공법 별도 견적

골조공사
construction using the frame

• STUD: 2′X6′X8′Wall(층고: 1층 2.7m/2층 2.4m)

• 수종: 가문비나무 – 소나무 – 전나무

※ 외벽2′X8′로 교체시 평당 6만원 추가/인슐레이션까지 추가 시 평당 10만원 추가

• 2층바닥장선: 2′X10′@16″(406㎜), 등급: 2등급(#2&BTR)

• 천장장선: 2′X6′@24″(610㎜), 함수율 19%

• 서까래: 2′X8′@24″(610㎜), 원산지: 북미-캐나다/미국

• 용마루: 2′X12′

• 외벽 및 지붕: 4′X8′X11.1T OSB합판

• 2층 바닥: 4′X8′X18.3TT&G합판

• 투습방수지/레인스트린: 탐린드레인 하우즈랩 or 동등제품

지붕 마감재
리얼징크-프린트강판 #하늘빛 기업 리얼다크진

외벽 마감재
스타코플렉스 #Moonlight-311

포인트 마감재1
노벨스톤 #BCK-190

포인트 마감재2
적삼목 사이딩

우리 가족이 담아내는

LIFE

—

40 · 50 · 60

—

평형대 집짓기

스타 건축가 3인방의
기획 설계 제안

* PART 03의 〈스타 건축가 3인방의 기획 설계 제안〉에 포함된 각 전원주택별 건축비 산출내역 외의 별도 공사 부대비용에는 대지구입비, 가구(싱크대, 신발장, 붙박이장), 기반시설 인입(수도, 전기, 가스 등), 토목공사, 조경비 등이 있음을 미리 알려둔다.

19,997만원

집, 도시를 품다

41.7평 | 모던스타일 | 목조주택 | 외벽: 스타코플렉스 | 지붕: 리얼징크

외벽 포인트: 적삼목 사이딩

* 위 평수는 전용면적, 포치, 발코니, 다락방 등을 포함한 시공면적 기준이다.

2층 41.7평형 전원주택. 리얼징크 지붕 마감과 화이트 톤의 외벽 마감으로 도시적인 분위기가 느껴진다. 전체적으로 톤을 다운시켜 무채색 지붕과 포인트를 적용시켰으며 적삼목 사이딩을 혼합 적용해 친환경적이면서도 세련된 느낌이 집이 완성되었다.

....

1. 집의 이름을 정한다면?
　집, 도시를 품다

2. 외부 디자인적 포인트는?
　리얼징크가 적용된 지붕 디자인

3. 거주 예상 인원은?
　4명

4. 이 집에서 가장 눈여겨봐야 할 점은?
　긴 복도를 통한 동선 분리

5. 키워드로 총평을 내린다면?
　꿈꿔왔던 나만의 드레스룸을 가지다

....

공법	기초-일반 목구조	
구조	2층-목구조	
연면적	137.37㎡	
1층 면적	93.56㎡	
2층 면적	43.81㎡	
포치 면적	15.54㎡	
내용	**면적**	**실공사금**
전용면적	33.00평	148,500,000
포치	4.70평	9,400,000
목재 데크	6.00평	4,200,000
다락방	4.00평	12,000,000
외부 포인트	1.00식	2,000,000
EPS몰딩	35.00m	875,000
리얼징크	135.00㎡	6,150,000
포켓도어	1.00식	500,000
1층 오픈천장	1.00식	5,000,000
각방 온도조절기	1.00식	1,000,000
창호추가	1.00식	3,500,000
3중연동도어	1.00식	700,000
설계비	41.00평	6,150,000
총 금액		**199,975,000**

(단위: 원, VAT 포함)

독특하게 현관을 오른편에 배치
해 집에 들어섰을 때 복도를 포
함한 집 전체의 넓은 공간이 한
눈에 들어올 수 있도록 계획했
다. 거실과 주방을 하나로 통합
하고 각 방은 복도를 통해 진입
할 수 있도록 배치해 공간의 영
역성이 확보되었다.

공간
구성

1. 현관
2. 거실
3. 주방
4. 방1
5. 다용도실
6. 드레스룸
7. 창고
8. 보일러실
9. 데크
10. 욕실1

2층 평면

작업실을 별도로 구성했으며 바로 옆에 침실을 계획해 일과 휴식을 동시에 취할 수 있도록 하였다. 욕실과 발코니도 설계해 2층 생활만으로도 불편함 없는 생활이 가능하다.

6,900

7,900

공간 구성

1. 거실
2. 방2
3. 방3
4. 발코니
5. 욕실2

건축
마감

단열재
insulating materials

외부벽체(Glasswool Insulation R21HD-15″ 나등급)

- 크나우프社 ECOBATT(ECOSE® 특허)
- HD: 저에너지하우스용/15인치(381㎜)* 동등제품

내부벽체(Glasswool Insulation R19-15″ 다등급)

천장(Glasswool Insulation R30-15″ 다등급)

지붕(Glasswool Insulation R37-23″ 나등급)

- ISOVER社 에너지세이버

*단열기준은 2016년 7월 1일자로 변경되는 단열기준법을 적용하여 강화시켜 놓았습니다.

기초공사
ground-making

- 지중보기초 〈800㎜〉 슬라브 두께 250㎜(G,L-300/G,L+500㎜ 기준)
- 규준틀, 먹메김, 터파기, 되메우기, PE필름깔기
- 철근: 13㎜@300복배근/콘크리트 규격: 25-210-12
- 바닥단열재(스티로폼) 100㎜

※ 동력선기초/줄기초공법 별도 견적

골조공사
construction using the frame

- STUD: 2′X6′X8′Wall(층고: 1층 2.7m/2층 2.4m)
- 수종: 가문비나무 – 소나무 – 전나무

※ 외벽2′X8′로 교체시 평당 6만원 추가/인슐레이션까지 추가 시 평당 10만원 추가

- 2층바닥장선: 2′X10′@16″(406㎜), 등급: 2등급(#2&BTR)
- 천장장선: 2′X6@24″(610㎜), 함수율 19%
- 서까래: 2′X8′@24″(610㎜), 원산지: 북미-캐나다/미국
- 용마루: 2′X12′
- 외벽 및 지붕: 4′X8′X11.1T OSB합판
- 2층 바닥: 4′X8′X18.3TT&G합판
- 투습방수지/레인스트린: 탐린드레인 하우즈랩 or 동등제품

지붕 마감재
리얼징크-프린트강판 #하늘빛 기업 리얼다크진

외벽 마감재
스타코플렉스 #Moonlight311

포인트 마감재
적삼목 사이딩

21,633만원

고벽돌과 징크의 컬래버레이션

44평 | 모던스타일 | 목조주택 | **외벽: 스타코플렉스** | 지붕: 리얼징크

외벽 포인트: 파벽돌

* 위 평수는 전용면적, 포치, 발코니, 다락방 등을 포함한 시공면적 기준이다.

2층 44평형 전원주택. 고벽돌과 징크의 조합으로 모던함을 재해석했다. 특히 2층 발코니에서 가족들과 보내는 티타임은 지루한 일상에 즐거움이 되어줄 것이다. 발코니에서 내려다보이는 훌륭한 조망은 덤이다.

1. **집의 이름을 정한다면?**

   고벽돌과 징크의 컬래버레이션

2. **외부 디자인적 포인트는?**

   모던한 입면에 고벽돌의 매치

3. **거주 예상 인원은?**

   4명

4. **이 집에서 가장 눈여겨봐야 할 점은?**

   남향으로 배치된 거실과 주방

5. **키워드로 총평을 내린다면?**

   의외로 잘 어울리는 고벽돌과 모던함

공법	기초-일반 목구조	
구조	2층-목구조	
연면적	142.14㎡	
1층 면적	72.84㎡	
2층 면적	57.56㎡	
발코니 면적	9.92㎡	
내용	**면적**	**실공사금**
전용면적	39.45평	177,525,000
포치	1.57평	3,140,000
목재 데크	5.00평	3,500,000
2층 발코니	3.00평	6,000,000
평철난간	5.00m	750,000
EPS몰딩	24.00m	480,000
리얼징크	60.00㎡	5,700,000
파벽돌	65.00㎡	2,275,000
조적 쌓기	1.00식	1,000,000
층고	22.00평	2,860,000
각방 온도조절기	1.00식	1,000,000
창호추가	1.00식	5,500,000
설계비	44.00평	6,600,000
총 금액		**216,330,000**

(단위: 원, VAT 포함)

10,700

9,300

거실과 주방 모두 남향 배치하였으며 바로 외부 데크로 이어질 수 있도록 동선을 구성해 외부 공간으로의 확장성을 넓혀 놓았다.

공간
구성

1. 현관
2. 거실
3. 주방
4. 방1
5. 다용도실
6. 드레스룸
7. 창고
8. 데크
9. 욕실1

2층 평면

아이들의 독립성을 만들어주기 위해 가족실과 계단실을 중심으로 방이 분리되며 간이주방을 설치해 가벼운 티타임을 즐길 수 있다.

공간 구성

1. 가족실
2. 방2
3. 방3
4. 간이주방
5. 창고
6. 발코니
7. 욕실2

건축 마감

단열재
insulating materials

외부벽체(Glasswool Insulation R21HD-15″ 나등급)

- 크나우프社 ECOBATT(ECOSE® 특허)
- HD: 저에너지하우스용/15인치(381㎜)* 동등제품

내부벽체(Glasswool Insulation R19-15″ 다등급)

천장(Glasswool Insulation R30-15″ 다등급)

지붕(Glasswool Insulation R37-23″ 나등급)

- ISOVER社 에너지세이버

*단열기준은 2016년 7월 1일자로 변경되는 단열기준법을 적용하여 강화시켜 놓았습니다.

기초공사
ground-making

- 지중보기초 〈800㎜〉 슬라브 두께 250㎜(G.L-300/G.L+500㎜ 기준)
- 규준틀, 먹메김, 터파기, 되메우기, PE필름깔기
- 철근: 13㎜@300복배근/콘크리트 규격: 25-210-12
- 바닥단열재(스티로폼) 100㎜

※ 동력선기초/줄기초공법 별도 견적

골조공사
construction using the frame

- STUD: 2′X6′X8′Wall(층고: 1층 2.7m/2층 2.4m)
- 수종: 가문비나무 – 소나무 – 전나무

※ 외벽2′X8′로 교체시 평당 6만원 추가/인슐레이션까지 추가 시 평당 10만원 추가

- 2층바닥장선: 2′X10′@16″(406㎜), 등급: 2등급(#2&BTR)
- 천장장선: 2′X6@24″(610㎜), 함수율 19%
- 서까래: 2′X8′@24″(610㎜), 원산지: 북미-캐나다/미국
- 용마루: 2′X12′
- 외벽 및 지붕: 4′X8′X11.1T OSB합판
- 2층 바닥: 4′X8′X18.3TT&G합판
- 투습방수지/레인스트린: 탐린드레인 하우즈랩 or 동등제품

지붕 마감재
리얼징크-프린트강판 #하늘빛 기업 리얼다크진

외벽 마감재
스타코플렉스 #Moonlight-311

포인트 마감재1
노벨스톤 #NB-140

포인트 마감재2
리얼징크-프린트강판 #하늘빛 기업 리얼다크진

22,625만원

가족의 꿈을 담아내다

49.5평 | 모던스타일 | 목조주택 | 외벽: 스타코플렉스 | 지붕: 이중그림자싱글

외벽 포인트: 적삼목 사이딩, 파벽돌

* 위 평수는 전용면적, 포치, 발코니, 다락방 등을 포함한 시공면적 기준이다.

2층 49.5평형 전원주택. 4인 가족이 생활하기 적합한 공간으로 설계되었으며 직사각형 배치로 전 실이 균등하게 채광을 받을 수 있다. 파벽돌 및 적삼목 등을 적용해 견고한 안정감을 준다. 포치 및 발코니 등을 활용해 매스가 더욱 크게 보이는 효과를 만들어냈다.

....

1. 집의 이름을 정한다면?
　가족의 꿈을 담아내다

2. 외부 디자인적 포인트는?
　외쪽지붕 적용으로 박스형 입면 완성

3. 거주 예상 인원은?
　4명

4. 이 집에서 가장 눈여겨봐야 할 점은?
　박스형으로 디자인된 2층 발코니

5. 키워드로 총평을 내린다면?
　가벽을 통해 볼륨감을 살리다

....

공법	기초-일반 목구조	
구조	2층-목구조	
연면적	154.67㎡	
1층 면적	110.03㎡	
2층 면적	44.64㎡	
포치 면적	24.13㎡	
내용	**면적**	**실공사금**
전용면적	40.00평	180,000,000
포치	7.30평	17,155,000
석재 데크	1.60평	1,760,000
2층 발코니	2.20평	4,840,000
2층 발코니 주물난간	5.50m	550,000
포인트	80.00㎡	4,400,000
포켓도어	2.00식	1,000,000
EPS몰딩	60.00m	1,500,000
각방 온도조절기	1.00식	1,000,000
창호추가	1.00식	6,000,000
3중연동도어	1.00식	700,000
설계비	49.00평	7,350,000
총 금액		**226,255,000**

(단위: 원, VAT 포함)

15,000

8,400

현관을 중심으로 공용 공간 및 개인 공간이
분리되며 1층 데크를 넓게 설치해 외부 공간
으로의 확장성 또한 보장하였다.

공간
구성

1. 현관
2. 거실
3. 주방
4. 방1
5. 간이주방
6. 드레스룸
7. 창고
8. 보일러실
9. 데크
10. 욕실1

9,600

8,400

가족실과 방 2개, 욕실을 구성해
아이들이 편안하고 조용하게 공부
에 집중할 수 있는 공간을 만들었
다. 발코니를 별도로 계획해 1층에
내려오지 않더라도 시원한 바람을
느낄 수 있게 되었다.

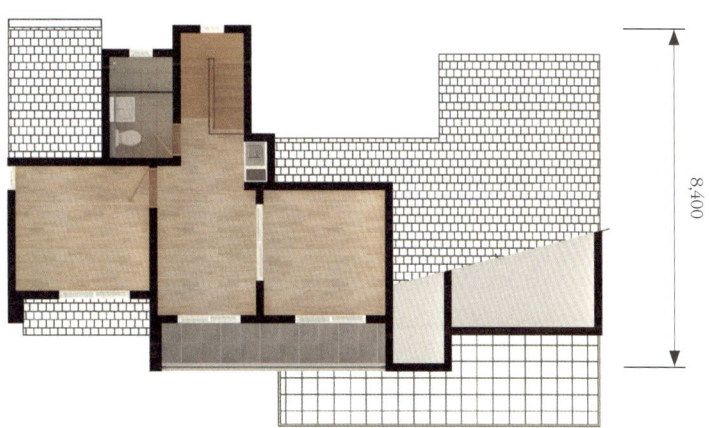

공간
구성

1. 가족실
2. 방2
3. 방3
4. 발코니
5. 욕실2

건축
마감

단열재
insulating materials

외부벽체(Glasswool Insulation R21HD-15″ 나등급)

• 크나우프社 ECOBATT(ECOSE® 특허)

• HD: 저에너지하우스용/15인치(381㎜)* 동등제품

내부벽체(Glasswool Insulation R19-15″ 다등급)

천장(Glasswool Insulation R30-15″ 다등급)

지붕(Glasswool Insulation R37-23″ 나등급)

• ISOVER社 에너지세이버

*단열기준은 2016년 7월 1일자로 변경되는 단열기준법을 적용하여 강화시켜 놓았습니다.

기초공사
ground-making

• 지중보기초〈800㎜〉 슬라브 두께 250㎜(G.L-300/G.L+500㎜ 기준)

• 규준틀, 먹메김, 터파기, 되메우기, PE필름깔기

• 철근: 13㎜@300복배근/콘크리트 규격: 25-210-12

• 바닥단열재(스티로폼) 100㎜

※ 동력선기초/줄기초공법 별도 견적

골조공사
construction using the frame

• STUD: 2′X6′X8′Wall(층고: 1층 2.7m/2층 2.4m)

• 수종: 가문비나무 – 소나무 – 전나무

※ 외벽2′X8′로 교체시 평당 6만원 추가/인슐레이션까지 추가 시 평당 10만원 추가

• 2층바닥장선: 2′X10′@16″(406㎜), 등급: 2등급(#2&BTR)

• 천장장선: 2′X6@24″(610㎜), 함수율 19%

• 서까래: 2′X8@24″(610㎜), 원산지: 북미-캐나다/미국

• 용마루: 2′X12′

• 외벽 및 지붕: 4′X8′X11.1T OSB합판

• 2층 바닥: 4′X8′X18.3TT&G합판

• 투습방수지/레인스트린: 탐린드레인 하우즈랩 or 동등제품

지붕 마감재
이중그림자엉글 #돌회색

외벽 마감재
스타코플렉스 #Moonlight-311

포인트 마감재1
노벨스톤 #BCK-190

포인트 마감재2
적삼목 사이딩

포인트 마감재3
노벨스톤 #자금석(블랙)

외부
형태

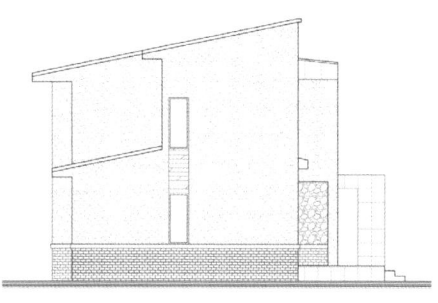

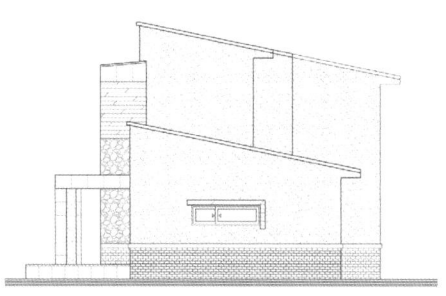

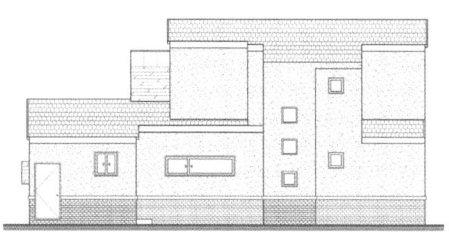

22,765만원

모던의 정석을 말하다

47평 | 모던스타일 | 목조주택 | **외벽: 스타코플렉스** | **지붕: 이중그림자슁글**

외벽 포인트: 파벽돌

* 위 평수는 전용면적, 포치, 발코니, 다락방 등을 포함한 시공면적 기준이다.

2층 47평형 전원주택. 세라믹 사이딩의 포인트와 2층 발코니가 매력적이며 4인 가족이 거주하는 데 불편함이 없도록 설계되었다. 그레이 톤의 지붕재와 외장 포인트는 차분한 분위기를 가중시키고 창문의 블랙 랩핑은 모던함을 부각시킨다.

....

1. 집의 이름을 정한다면?

모던의 정석을 말하다

2. 외부 디자인적 포인트는?

안정감 있게 배치된 1층과 2층 공간 구성

3. 거주 예상 인원은?

4명

4. 이 집에서 가장 눈여겨봐야 할 점은?

2층의 지붕형 발코니

5. 키워드로 총평을 내린다면?

비 내릴 때 발코니에서 차 한 잔의 여유

....

공법	기초-일반 목구조	
구조	2층-목구조	
연면적	138.86㎡	
1층 면적	84.48㎡	
2층 면적	54.38㎡	
발코니 면적	16.52㎡	
내용	면적	실공사금
전용면적	42.00평	189,000,000
목재 데크	7평	4,900,000
2층 발코니	5.00평	13,000,000
창호추가	1.00식	8,000,000
창호 블랙 랩핑	1.00식	2,500,000
3중연동도어	1.00식	700,000
욕실추가	1.00식	2,500,000
설계비	47.00평	7,050,000
총 금액		227,650,000

(단위: 원, VAT 포함)

13,800

6,800

공용 공간은 거실과 주방으로 구획하되 시각적으로 오픈시켜 개방감이 극대화되며 욕실과 서재, 드레스룸 등을 한 곳에 몰아놓아 동선이 최소화되었다.

공간
구성

1. 현관
2. 거실
3. 주방
4. 방1
5. 다용도실1
6. 다용도실2
7. 드레스룸
8. 서재
9. 욕실1

2층 평면

13,800

6,800

아이들을 위한 공간이다. 가족실과 긴 복도를 통해 갤러리에 와 있는 듯한 느낌을 주며 각 방을 양쪽으로 배치해 아이들의 사생활이 보장된다.

공간 구성

1. 가족실
2. 방2
3. 방3
4. 발코니1
5. 발코니2
6. 욕실2

건축 마감

단열재
insulating materials

외부벽체(Glasswool Insulation R21HD-15″ 나등급)

- 크나우프社 ECOBATT(ECOSE® 특허)
- HD: 저에너지하우스용/15인치(381㎜)* 동등제품

내부벽체(Glasswool Insulation R19-15″ 다등급)

천장(Glasswool Insulation R30-15″ 다등급)

지붕(Glasswool Insulation R37-23″ 나등급)

- ISOVER社 에너지세이버

*단열기준은 2016년 7월 1일자로 변경되는 단열기준법을 적용하여 강화시켜 놓았습니다.

기초공사
ground-making

- 지중보기초〈800㎜〉슬라브 두께 250㎜(G.L-300/G.L+500㎜ 기준)
- 규준틀, 먹메김, 터파기, 되메우기, PE필름깔기
- 철근: 13㎜@300복배근/콘크리트 규격: 25-210-12
- 바닥단열재(스티로폼) 100㎜

※ 동력선기초/줄기초공법 별도 견적

골조공사
construction using the frame

- STUD: 2′X6′X8′Wall(층고: 1층 2.7m/2층 2.4m)
- 수종: 가문비나무 – 소나무 – 전나무

※ 외벽2′X8′로 교체시 평당 6만원 추가/인슐레이션까지 추가 시 평당 10만원 추가

- 2층바닥장선: 2′X10′@16″(406㎜), 등급: 2등급(#2&BTR)
- 천장장선: 2′X6′@24″(610㎜), 함수율 19%
- 서까래: 2′X8′@24″(610㎜), 원산지: 북미-캐나다/미국
- 용마루: 2′X12′
- 외벽 및 지붕: 4′X8′X11.1T OSB합판
- 2층 바닥: 4′X8′X18.3TT&G합판
- 투습방수지/레인스트린: 탐린드레인 하우스랩 or 동등제품

지붕 마감재
이중그림자형글 #돌회색

외벽 마감재
스타코플렉스 #Moonlight-311

포인트 마감재1
노벨스톤 #NB-414

포인트 마감재2
적삼목 사이딩

23,115만원

ㄱ자형 주택의 매력

50평 | 모던스타일 | 목조주택 | **외벽: 스타코플렉스** | **지붕: 이중그림자싱글**

외벽 포인트: 파벽돌

* 위 평수는 전용면적, 포치, 발코니, 다락방 등을 포함한 시공면적 기준이다.

2층 50평형 전원주택. 대지가 협소하거나 모든 실내에 균일한 채광이 들길 원할 경우 ㄱ자형 전원주택이 좋다. 넓은 마당을 확보할 수 있고 대지의 경계라인을 따라 집을 앉힐 수 있다는 것이 강점이다.

1. 집의 이름을 정한다면?

ㄱ자형 주택의 매력

2. 외부 디자인적 포인트는?

전면부의 리얼징크 포인트

3. 거주 예상 인원은?

4명

4. 이 집에서 가장 눈여겨봐야 할 점은?

ㄱ자형 배치 사이에 넓게 시공된 데크

5. 키워드로 총평을 내린다면?

공용 공간과 개인 공간의 자연스러운 동선 분리

공법	기초-일반 목구조	
구조	2층-목구조	
연면적	144.48㎡	
1층 면적	93.03㎡	
2층 면적	51.45㎡	
데크 면적	20.50㎡	
다락방 면적	16.53㎡	
내용	면적	실공사금
전용면적	39.50평	177,750,000
포치	1.00평	2,000,000
목재 데크	6.20평	1,400,000
2층 발코니	4.50평	9,780,000
확장형 다락방	5.00평	15,000,000
1층 오픈천장	1.00식	5,000,000
파벽돌	50.00㎡	1,750,000
EPS몰딩	100.00m	2,500,000
리얼징크	26.00㎡	2,470,000
각방 온도조절기	1.00식	1,000,000
창호추가	1.00식	4,300,000
3중연동도어	1.00식	700,000
설계비	50.00평	7,500,000
총 금액		231,150,000

(단위: 원, VAT 포함)

12,100

11,800

거실과 주방의 일자형 배치와 데크의 조화로 내·외부 공간의 개방감을 극대화하였다. 현관을 중심으로 공용 공간과 개인 공간이 나뉘어져 각 영역성이 보장된다.

공간 구성

1. 현관
2. 거실
3. 주방
4. 방1
5. 다용도실
6. 창고
7. 보일러실
8. 데크
9. 욕실1

12,400

7,000

아이들을 위한 방 2개와 욕실, 발코니를 함께 배치하였다. 2층 방에서 거실 및 주방이 내려다보여 아파트에서는 누릴 수 없는 유니크한 개방감을 느낄 수 있다.

공간
구성

1. 방2
2. 방3
3. 발코니1
4. 발코니2
5. 욕실2

건축
마감

단열재
insulating materials

외부벽체(Glasswool Insulation R21HD-15″ 나등급)

• 크나우프社 ECOBATT(ECOSE® 특허)

• HD: 저에너지하우스용/15인치(381㎜)* 동등제품

내부벽체(Glasswool Insulation R19-15″ 나등급)

천장(Glasswool Insulation R30-15″ 나등급)

지붕(Glasswool Insulation R37-23″ 나등급)

• ISOVER社 에너지세이버

*단열기준은 2016년 7월 1일자로 변경되는 단열기준법을 적용하여 강화시켜 놓았습니다.

기초공사
ground-making

• 지중보기초〈800㎜〉슬라브 두께 250㎜(G.L-300/G.L+500㎜ 기준)

• 규준틀, 먹메김, 터파기, 되메우기, PE필름깔기

• 철근: 13㎜@300복배근/콘크리트 규격: 25-210-12

• 바닥단열재(스티로폼) 100㎜

※ 동력선기초/줄기초공법 별도 견적

골조공사
construction using the frame

• STUD: 2′X6′X8′Wall(층고: 1층 2.7m/2층 2.4m)

• 수종: 가문비나무 – 소나무 – 전나무

※ 외벽2′X8′로 교체시 평당 6만원 추가/인슐레이션까지 추가 시 평당 10만원 추가

• 2층바닥장선: 2′X10′@16″(406㎜), 등급: 2등급(#2&BTR)

• 천장장선: 2′X6′@24″(610㎜), 함수율 19%

• 서까래: 2′X8′@24″(610㎜), 원산지: 북미-캐나다/미국

• 용마루: 2′X12′

• 외벽 및 지붕: 4′X8′X11.1T OSB합판

• 2층 바닥: 4′X8′X18.3TT&G합판

• 투습방수지/레인스트린: 탐린드레인 하우즈랩 or 동등제품

지붕 마감재
이중그림자싱글 #돌회색

외벽 마감재
스타코플렉스 #Moonlight-311

포인트 마감재1
노벨스톤 #BCK-130

포인트 마감재2
리얼징크-프린트강판 #하늘빛 기업 리얼다크진

26,255만원

심플과 모던을 단층으로 이야기하다

43.4평 | 모던스타일 | 목조주택 | 외벽: 스타코플렉스 | 지붕: 이중그림자슁글

외벽 포인트: 파벽돌

* 위 평수는 전용면적, 포치, 발코니, 다락방 등을 포함한 시공면적 기준이다.

단층 43.4평형 전원주택. 그레이 톤의 스타코플렉스 마감과 친환경적인 느낌을 주는 적삼목 사이딩 포인트, 리얼징크와의 조합으로 모던한 스타일의 정점을 찍는다.

....

1. 집의 이름을 정한다면?

심플과 모던을 단층으로 이야기하다

2. 외부 디자인적 포인트는?

층고 레벨을 이용한 입체적 볼륨감

3. 거주 예상 인원은?

2명

4. 이 집에서 가장 눈여겨봐야 할 점은?

거실과 주방의 분리

5. 키워드로 총평을 내린다면?

조용히 차 마실 수 있는 나만의 공간을 가지다

....

공법	기초-일반 목구조	
구조	1층-목구조	
연면적	136.47㎡	
1층 면적	136.47㎡	
포치 면적	19.83㎡	
내용	면적	실공사금
전용면적	37.40평	205,700,000
포치	6.00평	12,000,000
목재 데크	8.20평	5,740,000
석재 데크	8.00평	8,800,000
1층 오픈천장	1.00식	6,000,000
리얼징크	132.00㎡	10,000,000
주방 미닫이문	1.00식	1,660,000
적삼목 사이딩	1.00식	2,000,000
창호추가	1.00식	3,500,000
3중연동도어	1.00식	700,000
설계비	43.00평	6,450,000
총 금액		262,550,000

(단위: 원, VAT 포함)

1층 평면

14,100

10,000

데드스페이스 없이 모든 공간을 활용하였다. 주방과 다용도실을 거실과 분리된 공간으로 만들어 각각의 영역성이 확보된다. 또한 방2에 드레스룸과 욕실을 연동하여 배치해 사생활이 철저하게 보장된다.

공간 구성

1. 현관
2. 거실
3. 주방
4. 방1
5. 방2
6. 방3
7. 다용도실
8. 드레스룸
9. 데크
10. 욕실1
11. 욕실2

건축 마감

단열재
insulating materials

외부벽체(Glasswool Insulation R21HD-15″ 나등급)

◆ 크나우프社 ECOBATT(ECOSE® 특허)

◆ HD: 저에너지하우스용/15인치(381㎜)* 동등제품

내부벽체(Glasswool Insulation R19-15″ 다등급)

천장(Glasswool Insulation R30-15″ 다등급)

지붕(Glasswool Insulation R37-23″ 나등급)

◆ ISOVER社 에너지세이버

*단열기준은 2016년 7월 1일자로 변경되는 단열기준법을 적용하여 강화시켜 놓았습니다.

기초공사
ground-making

◆ 지중보기초〈800㎜〉슬라브 두께 250㎜(G,L-300/G,L+500㎜ 기준)

◆ 규준틀, 먹메김, 터파기, 되메우기, PE필름깔기

◆ 철근: 13㎜@300복배근/콘크리트 규격: 25-210-12

◆ 바닥단열재(스티로폼) 100㎜

※ 동력선기초/줄기초공법 별도 견적

골조공사
construction using the frame

◆ STUD: 2′X6′X8′Wall(층고: 1층 2.7m/2층 2.4m)

◆ 수종: 가문비나무 – 소나무 – 전나무

※ 외벽2′X8′로 교체시 평당 6만원 추가/인슐레이션까지 추가 시 평당 10만원 추가

◆ 2층바닥장선: 2′X10′@16″(406㎜), 등급: 2등급(#2&BTR)

◆ 천장장선: 2′X6′@24″(610㎜), 함수율 19%

◆ 서까래: 2′X8′@24″(610㎜), 원산지: 북미-캐나다/미국

◆ 용마루: 2′X12′

◆ 외벽 및 지붕: 4′X8′X11.1T OSB합판

◆ 2층 바닥: 4′X8′X18.3TT&G합판

◆ 투습방수지/레인스트린: 탐린드레인 하우즈랩 or 동등제품

지붕 마감재
리얼징크-프린트강판 #하늘빛 기업 리얼다크전

외벽 마감재
스타코플렉스 #Moonlight-311

포인트 마감재1
목재루버

포인트 마감재2
적삼목 사이딩

포인트 마감재3
리얼징크-프린트강판 #하늘빛 기업 리얼다크전

27,007만원

미국의 클래식함을 짓다

53.9평 │ 모던스타일 │ 목조주택 │ 외벽: 스타코플렉스 │ 지붕: 이중그림자싱글

외벽 포인트: 세라믹 사이딩, 파벽돌

* 위 평수는 전용면적, 포치, 발코니, 다락방 등을 포함한 시공면적 기준이다.

2층 53.9평형 전원주택. 박공지붕이 아닌 두 면 외쪽지붕 디자인은 클래식한 멋을 부각시킨다. 마당의 조망을 한눈에 담을 수 있는 심플한 창문과 그레이 톤의 지붕은 미국 고급 전원주택을 연상시킨다. 2층의 독특한 공간과 발코니의 조화, 다양한 창문 배치 또한 이 집의 유니크함을 돋보이게 한다.

1. 집의 이름을 정한다면?

미국의 클래식함을 짓다

2. 외부 디자인적 포인트는?

박공지붕과 외쪽지붕을 적절히 혼합한 지붕

3. 거주 예상 인원은?

4명

4. 이 집에서 가장 눈여겨봐야 할 점은?

집 전체를 둘러싸고 있는 데크

5. 키워드로 총평을 내린다면?

2층에 숨겨진 나만의 비밀 공간

공법	기초-일반 목구조	
구조	2층-목구조	
연면적	160.28㎡	
1층 면적	107.38㎡	
2층 면적	52.90㎡	
발코니 면적	18.84㎡	
내용	면적	실공사금
전용면적	45.20평	203,400,000
포치	3.00평	6,000,000
석재 데크	15.00평	16,500,000
2층 발코니	5.70평	14,820,000
포인트	15.00㎡	2,250,000
평철난간	40.00m	4,000,000
EPS몰딩	70.00m	2,100,000
리얼징크	65.00㎡	5,850,000
각방 온도조절기	1.00식	1,000,000
창호추가	1.00식	5,500,000
3중연동도어	1.00식	700,000
설계비	53.00평	7,950,000
총 금액		270,070,000

(단위: 원, VAT 포함)

1층 평면

현관을 중심으로 거실 공간과 침실 공간을 분리해 각 공간의 영역성이 구분된다. 개방감을 위해 과감하게 거실과 주방을 하나의 대공간으로 구성하였다.

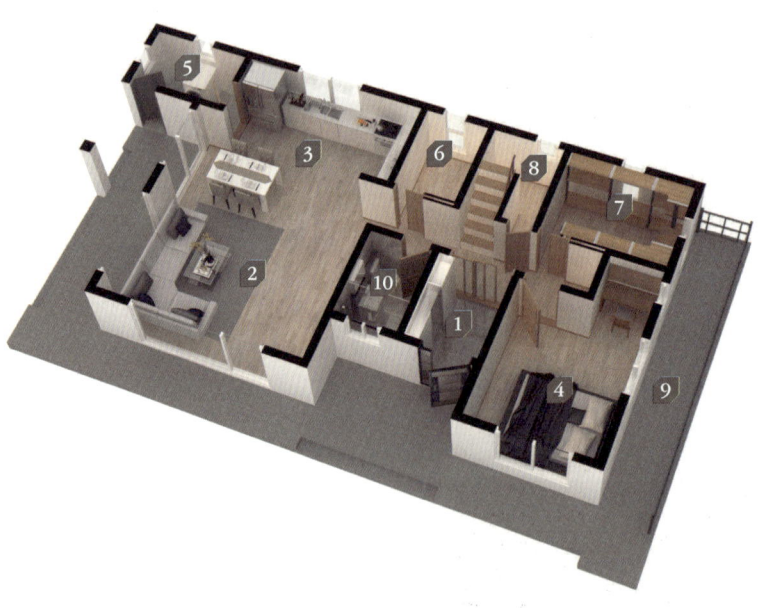

공간 구성

1. 현관
2. 거실
3. 주방
4. 방1
5. 다용도실1
6. 다용도실2
7. 드레스룸
8. 창고
9. 데크
10. 욕실1

2층 평면

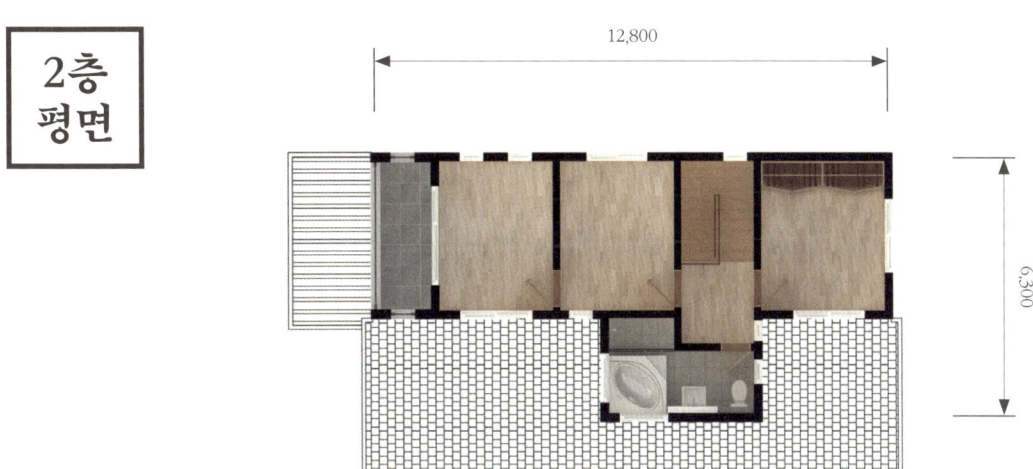

12,800

6,300

계단을 통해 방으로 들어가면 서재와 침실이라는 또 다른 숨은 공간이 나타난다. 사
생활이 철저하게 보장된다. 또한 전망이 좋다는 점을 고려해 2층 욕실을 과감하게 남
향 배치하고 욕조가 배치된 곳에 창을 설치해 샤워 중에도 최고의 전망을 느낄 수 있
도록 계획했다.

공간 구성

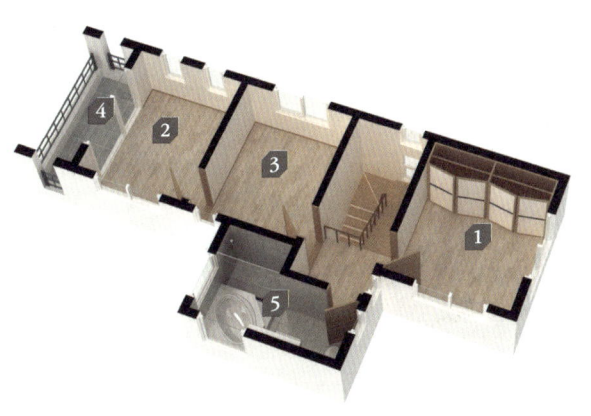

1. 방2
2. 방3
3. 서재
4. 발코니
5. 욕실2

건축마감

단열재
insulating materials

외부벽체(Glasswool Insulation R21HD-15″ 나등급)

- 크나우프社 ECOBATT(ECOSE® 특허)
- HD: 저에너지하우스용/15인치(381㎜)* 동등제품

내부벽체(Glasswool Insulation R19-15″ 다등급)

천장(Glasswool Insulation R30-15″ 다등급)

지붕(Glasswool Insulation R37-23″ 나등급)

- ISOVER社 에너지세이버

*단열기준은 2016년 7월 1일자로 변경되는 단열기준법을 적용하여 강화시켜 놓았습니다.

기초공사
ground-making

- 지중보기초 〈800㎜〉 슬라브 두께 250㎜(G.L-300/G.L+500㎜ 기준)
- 규준틀, 먹메김, 터파기, 되메우기, PE필름깔기
- 철근: 13㎜@300복배근/콘크리트 규격: 25-210-12
- 바닥단열재(스티로폼) 100㎜

※ 동력선기초/줄기초공법 별도 견적

골조공사
construction using the frame

- STUD: 2′X6′X8′Wall(층고: 1층 2.7m/2층 2.4m)
- 수종: 가문비나무 – 소나무 – 전나무

※ 외벽2′X8′로 교체시 평당 6만원 추가/인슐레이션까지 추가 시 평당 10만원 추가

- 2층바닥장선: 2′X10′@16″(406㎜), 등급: 2등급(#2&BTR)
- 천장장선: 2′X6′@24″(610㎜), 함수율 19%
- 서까래: 2′X8′@24″(610㎜), 원산지: 북미-캐나다/미국
- 용마루: 2′X12′
- 외벽 및 지붕: 4′X8′X11.1T OSB합판
- 2층 바닥: 4′X8′X18.3TT&G합판
- 투습방수지/레인스트린: 탐린드레인 하우즈랩 or 동등제품

지붕 마감재
이중그림자싱글 #돌회색

외벽 마감재
스타코플렉스 #Moonlight-311

포인트 마감재1
노벨스톤 #NB-140

포인트 마감재2
세라믹 사이딩 #NK3644A

29,330만원

아빠의 로망을 짓다

54.5평 │ 모던스타일 │ 목조주택 │ 외벽: 스타코플렉스 │ 지붕: 이중그림자성글

외벽 포인트: 파벽돌

* 위 평수는 전용면적, 포치, 발코니, 다락방 등을 포함한 시공면적 기준이다.

2층 54.5평형 전원주택. 아이들이 집 안팎으로 자유롭게 뛰어다닐 수 있도록 거실, 주방 그리고 외부 마당에 이르기까지 오픈된 동선으로 평면을 구성했다. 2층에 아이들을 위한 방을 설계함으로써 프라이버시와 영역성을 보장하고, 발코니와 드레스룸, 가족실을 두어 아빠의 로망을 모두 담은 집이 되었다.

⋯⋯⋯⋯⋯⋯⋯⋯⋯⋯⋯⋯⋯⋯⋯⋯⋯⋯⋯⋯⋯⋯⋯⋯⋯⋯⋯⋯

1. 집의 이름을 정한다면?
  아빠의 로망을 짓다

2. 외부 디자인적 포인트는?
  박스에 박스를 더한 모던한 외관

3. 거주 예상 인원은?
  4명

4. 이 집에서 가장 눈여겨봐야 할 점은?
  2층에 별도로 설치한 가족실 공간

5. 키워드로 총평을 내린다면?
  모든 아빠들의 로망을 전부 담은 집

⋯⋯⋯⋯⋯⋯⋯⋯⋯⋯⋯⋯⋯⋯⋯⋯⋯⋯⋯⋯⋯⋯⋯⋯⋯⋯⋯⋯

공법	기초-일반 목구조	
구조	2층-목구조	
연면적	177.51㎡	
1층 면적	98.43㎡	
2층 면적	79.08㎡	
발코니 면적	3.30㎡	
내용	**면적**	**실공사금**
전용면적	53.50평	240,750,000
석재 데크	10.00평	12,000,000
2층 발코니	1.00평	2,600,000
1.5층 오픈천장	1.00식	9,000,000
리얼징크	75.00㎡	5,625,000
노출콘크리트판넬	75.00㎡	6,750,000
EPS몰딩시공	24.00㎡	480,000
평철난간	2.00m	300,000
창호추가	1.00식	4,700,000
각방 온도조절기	1.00식	3,000,000
설계비	54.00평	8,100,000
총 금액		**293,305,000**

(단위: 원, VAT 포함)

1층
평면

15,000

9,600

현관을 중심으로 공용 공간과 개인 공간이 분리된다. 또한 방 안에 화장실
과 드레스룸 등의 공간을 같이 묶어 주었으며 현관 좌측면에 접이식 문을
이용한 공간을 만들어 다목적 공간으로 활용 가능하도록 하였다.

공간
구성

1. 현관
2. 거실
3. 주방
4. 방1
5. 다용도실1
6. 다용도실2
7. 드레스룸
8. 창고
9. 욕실1
10. 욕실2

2층 평면

13,500

9,600

아이들을 위한 독립적인 공간. 각 방을 남향 배치하고 큰 창을 만들어 주었다. 또한 방마다 붙박이장을 설치해 수납이 용이하도록 하였다. 2층 드레스룸을 별도로 두어 많은 옷들을 수납할 수 있도록 설계하였다.

공간 구성

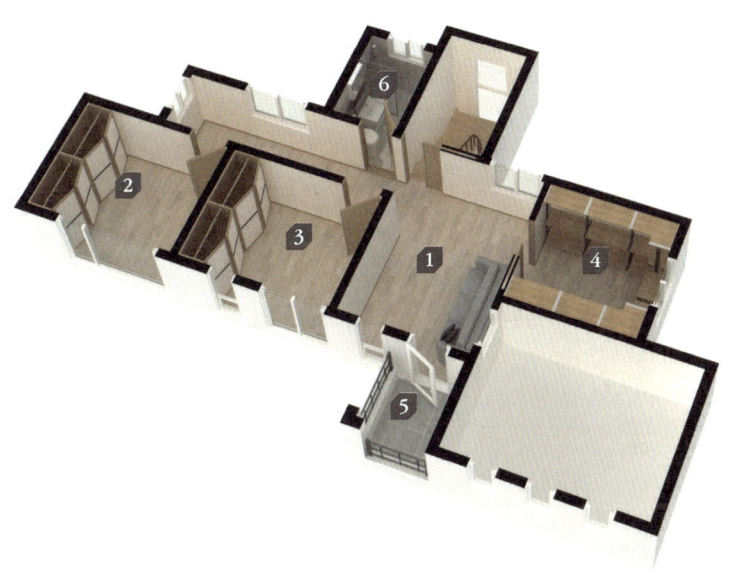

1. 가족실
2. 방2
3. 방3
4. 드레스룸
5. 발코니
6. 욕실3

건축 마감

단열재
insulating materials

외부벽체(Glasswool Insulation R21HD-15″ 나등급)

- 크나우프社 ECOBATT(ECOSE® 특허)
- HD: 저에너지하우스용/15인치(381㎜)* 동등제품

내부벽체(Glasswool Insulation R19-15″ 다등급)

천장(Glasswool Insulation R30-15″ 다등급)

지붕(Glasswool Insulation R37-23″ 나등급)

- ISOVER社 에너지세이버

*단열기준은 2016년 7월 1일자로 변경되는 단열기준법을 적용하여 강화시켜 놓았습니다.

기초공사
ground-making

- 지중보기초〈800㎜〉슬라브 두께 250㎜(G.L-300/G.L+500㎜ 기준)
- 규준틀, 먹메김, 터파기, 되메우기, PE필름깔기
- 철근: 13㎜@300복배근/콘크리트 규격: 25-210-12
- 바닥단열재(스티로폼) 100㎜

※ 동력선기초/줄기초공법 별도 견적

골조공사
construction using the frame

- STUD: 2′X6′X8′Wall(층고: 1층 2.7m/2층 2.4m)
- 수종: 가문비나무 – 소나무 – 전나무

※ 외벽2′X8′로 교체시 평당 6만원 추가/인슐레이션까지 추가 시 평당 10만원 추가

- 2층바닥장선: 2′X10′@16″(406㎜), 등급: 2등급(#2&BTR)
- 천장장선: 2′X6@24″(610㎜), 함수율 19%
- 서까래: 2′X8′@24″(610㎜), 원산지: 북미-캐나다/미국
- 용마루: 2′X12′
- 외벽 및 지붕: 4′X8′X11.1T OSB합판
- 2층 바닥: 4′X8′X18.3TT&G합판
- 투습방수지/레인스트린: 탐린드레인 하우즈랩 or 동등제품

지붕 마감재
리얼징크-프린트강판 #하늘빛 기업 리얼다크진

외벽 마감재
스타코플렉스 #Moonlight-311

포인트 마감재1
노출콘크리트 보드

포인트 마감재2
적삼목 사이딩

포인트 마감재3
리얼징크-프린트강판 #하늘빛 기업 리얼다크진

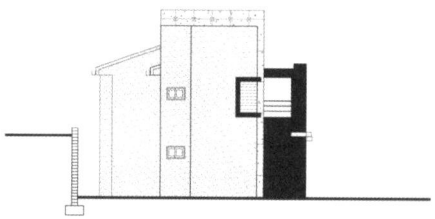

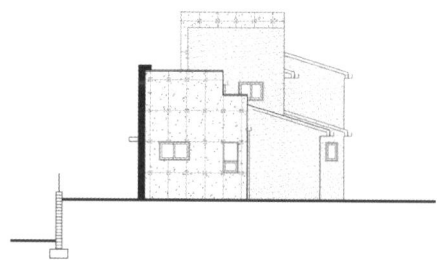

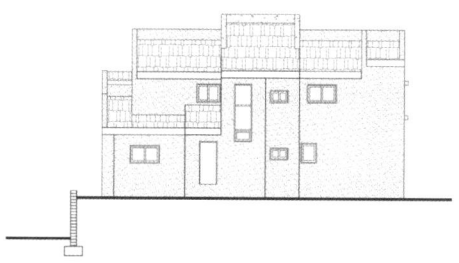

31,171만원

개성 있는 외관의 차이가 전체를 바꾸다

62.5평 | 모던스타일 | 목조주택 | 외벽: 스타코플렉스 | 지붕: 이중그림자싱글

외벽 포인트: 파벽돌

* 위 평수는 전용면적, 포치, 발코니, 다락방 등을 포함한 시공면적 기준이다.

2층 62.5평형 전원주택. 우리 가족만을 위해 전용주차장과 넓은 발코니를 구성했다. 적삼목과 징크를 혼합 사용해 개성 있는 외관이 만들어졌다. 왼쪽 경사로 설계된 지붕면은 그 자체만으로 모던함을 부각시킨다.

··

1. 집의 이름을 정한다면?

　개성 있는 외관의 차이가 전체를 바꾸다

2. 외부 디자인적 포인트는?

　전용 주차 공간

3. 거주 예상 인원은?

　4명

4. 이 집에서 가장 눈여겨봐야 할 점은?

　독립적으로 생활 가능한 2층 평면구성

5. 키워드로 총평을 내린다면?

　2층의 발코니는 다목적으로 활용 가능하다

··

공법	기초-일반 목구조	
구조	2층-목구조	
연면적	187.15㎡	
1층 면적	83.53㎡	
2층 면적	103.62㎡	
발코니 면적	29.85㎡	
내용	**면적**	**실공사금**
전용면적	49.27평	222,615,000
포치	4.20평	4,200,000
데크	4.00평	2,800,000
2층 발코니	9.03평	23,478,000
1층 주차장	9.38평	14,070,000
적삼목 사이딩	30.00㎡	1,200,000
인조석	45.00㎡	1,575,000
치장벽돌	13.00㎡	1,300,000
포켓도어	8.00ea	5,600,000
폴딩도어	17.00ea	8,500,000
리얼징크	105.00㎡	7,875,000
각방 온도조절기	1.00식	2,000,000
창호추가	1.00식	7,200,000
설계비	62.00평	9,300,000
총 금액		**311,713,000**

(단위: 원, VAT 포함)

ㄱ자형 평면 구성으로 유니크함
을 더한 이 주택은 거실과 주방, 식
당으로 연결되는 독특한 평면으
로 계획해 1층을 온전히 공용 공
간의 목적으로 사용하기 편하도
록 설계하였다.

9,100

10,700

공간
구성

1. 현관
2. 거실
3. 주방
4. 식당
5. 방1
6. 다용도실
7. 데크
8. 욕실1

2층 평면

프라이버시가 중요시되는 공간을 모두 2층으로 모아 사적인 생활을 유지하는 데 유리하도록 하였다. 가족실과 넓은 발코니를 별도로 설치해 공간의 확장성이 유지된다.

공간 구성

1. 가족실
2. 방2
3. 방3
4. 방4
5. 간이주방
6. 발코니
7. 욕실2
8. 욕실3

건축 마감

단열재
insulating materials

외부벽체(Glasswool Insulation R21HD-15″ 나등급)

• 크나우프社 ECOBATT(ECOSE® 특허)

• HD: 저에너지하우스용/15인치(381㎜)* 동등제품

내부벽체(Glasswool Insulation R19-15″ 다등급)

천장(Glasswool Insulation R30-15″ 다등급)

지붕(Glasswool Insulation R37-23″ 나등급)

• ISOVER社 에너지세이버

*단열기준은 2016년 7월 1일자로 변경되는 단열기준법을 적용하여 강화시켜 놓았습니다.

기초공사
ground-making

• 지중보기초 ⟨800㎜⟩ 슬라브 두께 250㎜(G,L-300/G,L+500㎜ 기준)

• 규준틀, 먹메김, 터파기, 되메우기, PE필름깔기

• 철근: 13㎜@300복배근/콘크리트 규격: 25-210-12

• 바닥단열재(스티로폼) 100㎜

※ 동력선기초/줄기초공법 별도 견적

골조공사
construction using the frame

• STUD: 2′X6′X8′Wall(층고: 1층 2.7m/2층 2.4m)

• 수종: 가문비나무 – 소나무 – 전나무

※ 외벽2′X8′로 교체시 평당 6만원 추가/인슐레이션까지 추가 시 평당 10만원 추가

• 2층바닥장선: 2′X10′@16″(406㎜), 등급: 2등급(#2&BTR)

• 천장장선: 2′X6′@24″(610㎜), 함수율 19%

• 서까래: 2′X8′@24″(610㎜), 원산지: 북미-캐나다/미국

• 용마루: 2′X12′

• 외벽 및 지붕: 4′X8′X11.1T OSB합판

• 2층 바닥: 4′X8′X18.3TT&G합판

• 투습방수지/레인스트린: 탐린드레인 하우즈랩 or 동등제품

지붕 마감재
리얼징크-프린트강판 #하늘빛 기업 리얼다크진

외벽 마감재
스타코플렉스 #Moonlight-311

포인트 마감재1
노벨스톤 #SB-130

포인트 마감재2
적삼목 사이딩

포인트 마감재3
리얼징크-프린트강판 #하늘빛 기업 리얼다크진

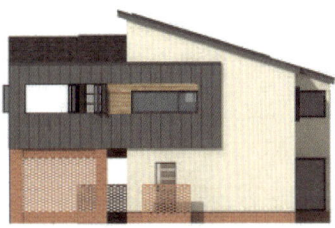

오늘도 행복한 집짓기를 꿈꾸는 당신에게

PART

04

부록

—

어떤 집 짓고 싶으세요?

예비 건축주들이
가장 궁금해하는 질문
TOP 11

··

살고 싶은 집
10년 뒤의 주거 트렌드

··

입주 전 체크리스트

부록

예비 건축주들이
가장 궁금해하는 질문 TOP 11

Q&A로 풀어보는 내 집 짓기 워밍업

인터넷상의 수많은 정보들 중 무엇이 진실이고 거짓인지는 전문가가 아닌 이상 구분하기 쉽지 않다. 그래서 준비했다. 예비 건축주들이 가장 궁금해하는 질문 TOP 11!
이로써 나만의 개성 있는 집, 우리 가족이 행복한 집을 짓기 위한 준비단계에 있는 모든 사람들의 궁금증이 속 시원히 해결되길 바란다.

Q.
목조주택의 좋은 점은 무엇인가요?

A.
2017년 현재 우리나라에 지어지고 있는 전원주택의 공법은 크게 4가지 정도로 압축시켜 설명할 수 있다.

바로 목조주택, 철근콘크리트주택, 스틸하우스, 패시브하우스다. 집을 짓는 데 적용하고자 하는 공법 대부분은 이 중에 속해 있을 것이다. 타 공법과 비교했을 때 목조주택은 국내에 들어온 연혁이 길지 않다. 또한 목조주택의 초기 공법과 현재 사용하고 있는 공법에는 약간의 차이가 있다. 오랜 시간 동안 국내 기후 및 현황에 적응해오면서 많은 발전이 있었던 데다가 온돌 문화가 접목되면서 미국이나 유럽의 주택과는 조금 다른 방향으로 발전했기 때문이다.

목조주택은 함수율을 낮춰 구조강도를 높인 나무를 골조(뼈대)로 하여 지은 집이다. 나무의 특성상 단열성이 뛰어나고 인체에 유해한 성분이 없으며 가공성이 뛰어나다는 장점을 가지고 있어 대중화되는 데 아무런 걸림돌이 없었다.

물론 초창기에는 많은 문제점을 안고 있었다. 틀어짐, 기초의 주저앉음, 썩거나 벌레가 생기고, 곰팡이, 누수 등 이루 말할 수 없을 정도였다. 이는 국내 기후와 정서를 전혀 반영하지 않은 채 해외에 있는 공법 그대로를 들여왔기 때문에 생긴 문제들이었다. 또한 그동안 집을 지었던 사람들은 전문적인 건축가들이 아닌 비전공자 혹은 목수 출신들이 자신들만의 노하우를 통해 발전시켜 지은 주택들이었다.

지금은 전원주택을 짓는 회사들이 브랜드화되어 자체 품질검수 및 AS팀 운영 등을 진행하고 있다. 목조주택은 현재 황금기에 접어들었다. 가장 안정된 공법이 국내에 자리를 잡았고 철근콘크리트주택보다 뛰어난 가성비로 많은 건축주들에게 인정받고 있다.

목조주택의 대표적인 장점은 다음과 같다.

- 타 공법에 비해 단열성과 환기성, 습도조절능력이 뛰어나다.
- 친환경 자재 사용으로 새집증후군 및 아토피 질환, 호흡기 질환, 발암 예방에 탁월하다.
- 건식 공법으로 사계절 공사가 가능하며 공사기간이 짧아 3개월 이내에 공사가 완료된다(30-40평형대 기준).
- 수명이 길며 화재에 강한 특성이 있어 경제적이다.

가성비 최고의 전원주택?

———

최근 들어 목조주택이 전원주택의 트렌드로 자리 잡아가고 있다. 왜 그럴까? 아무래도 가성비 때문이 아닐까 싶다. 현재 목조주택의 기술력과 품질은 안정기에 접어들었으며 투자금액 대비 단열 및 성능적인 부분에서 우위를 점하고 있다. 30-40평형대를 생각하는 사람들에게는 타 공법보다 목조주택이 적합하지 않을까 조심스럽게 생각해본다.

◇◇

Q.
건축비는 3.3㎡당 얼마예요?

A.
집이라는 것이 단순히 하나의 요소만 결정한다고 해서 뚝딱 지어지는 것은 아니다. 그렇기 때문에 3.3㎡ 단가라는 것 자체가 참 애매한 부분이다. 각 회사마다 기준이 다르며 기술력과 마감도 다르다. 포함된 옵션 또한 마찬가지다.

'건설회사에서 물량이 몇 개 들어가고, 골조는 얼마여서 어쩌고저쩌고…' 식의 설명을 한다 치더라도 무슨 내용인지 파악하느라 실질적인 계획은 진행하지도 못하리라 예상한다.

그래서 각 회사마다 기준을 만들어 3.3㎡ 단가 기준이라는 것을 만들었다. 이 안에는 집이 지어지는 순서대로 기초, 골조, 단열, 외장재, 인테리어 마감까지 어떤 업체의 자재를 사용하는지 명시되어 있다.

'3.3㎡ 단가는 무조건 옳지 않다'라고 말하는 사람들도 있다. 하지만 우리나라에 3.3㎡ 단가 기준이 자리 잡은지도 벌써 15년이라는 시간이 흘렀다. 터무니없다고 치부할 수 없을 정도로 이제는 어느 정도의 기준이 금액으로 자리 잡은 것 같다. 이렇게 말할 수 있는 이유는 각 회사의 3.3㎡ 단가를 물량계산으로 살펴보니 큰 차이가 없었다는 사실을 확인했기 때문이다.

2016년 기준으로 각 회사를 분석해본 결과 2015년에 $3.3m^2$ 420-430만 원 정도에 걸쳐 있던 단가 기준이 440-450만 원으로 올라간 것을 확인할 수 있었다. 이는 외장재와 인테리어의 수준이 해마다 업그레이드되기 때문이다.

초기 목조주택의 외장재는 시멘트 사이딩이 대부분이었다. 하지만 현재에는 거의 사용되지 않고 있으며 스타코플렉스에 세라믹 사이딩이나 베이스판넬 또는 징크 등이 기본적으로 사용된다.

'공사비가 왜 계속 올라가느냐'는 질문도 많은데 그만큼 공사 자재들과 건축주들의 수준이 높아졌기 때문이라고 말하고 싶다.

그래서 건축주와의 초기 상담 시 항상 '과시욕을 버리세요'라고 말한다. 과시욕만 조금 버린다면 훨씬 저렴한 가격으로 좋은 집을 지을 수 있을 것이다. 정말로.

전원주택 단가 대공개

———

현 시장 단가(부가세 포함) 기준으로 $3.3m^2$ 단가에 관하여 이야기하자면 다음과 같다.

목조주택 $3.3m^2$ 450-500만 원	철근콘크리트주택 $3.3m^2$ 550-600만 원
스틸하우스 $3.3m^2$ 470-520만 원	패시브하우스 $3.3m^2$ 700-1000만 원

해당 금액은 시장에 형성된 평균적인 금액이며 연매출 100억 이상(균등한 품질로 시공 가능한 시스템을 구축했다고 판단되는 회사 기준)의 브랜드 회사가 시공한다는 전제조건으로 산정된 금액이다. 개인업자는 제외다.

그간 브런치(https://brunch.co.kr/@sunsutu)에 전원주택과 관련한 글을 게재하면서 동종 업계로부터 많은 질타를 받기도 했지만 여전히 금액은 투명하게 공개하는 것이 옳다고 생각한다. 진실은 숨긴다고 숨겨지지 않는 법이다.

※ 위에 제시한 금액은 순수 시공비이며 대지구입비, 토목공사비, 설계비, 인허가비, 세금, 측량, 가구비, 기반시설 인입비 등은 제외된 비용이다.

Q.

**내 땅에 집을
지을 수 있나요?
지을 수 있다면
몇 평까지
지을 수 있을까요?**

A.

대지에 집을 지을 때 일단 지역지구부터 살펴봐야 한다. 개발제한구역 같은 곳들은 애초에 집을 지을 수 없는 곳이므로 대지를 구입할 때 반드시 법적인 부분과 개발 현황, 지역지구 등을 꼼꼼히 살펴보아야 한다. 또한 건폐율*과 용적률**에 따라 집을 지을 수 있는 면적이 달라지므로 이 부분도 자세히 확인해보길 바란다.

용도지역			건폐율	용적률
도시지역	주거지역	제1종전용주거지역	50퍼센트 이하	100퍼센트 이하
		제2종전용주거지역	50퍼센트 이하	150퍼센트 이하
		제1종일반주거지역	60퍼센트 이하	200퍼센트 이하
		제2종일반주거지역	60퍼센트 이하	250퍼센트 이하
		제3종일반주거지역	50퍼센트 이하	300퍼센트 이하
		준주거지역	70퍼센트 이하	500퍼센트 이하
	상업지역	중심상업지역		
		일반상업지역		
		근린상업지역		
		유통상업지역		
	공업지역	전용공업지역		
		일반공업지역		
		준공업지역		
	녹지지역	보전녹지지역	20퍼센트 이하	80퍼센트 이하
		생산녹지지역		100퍼센트 이하
		자연녹지지역		100퍼센트 이하
관리지역	보전관리지역		20퍼센트 이하	80퍼센트 이하
	생산관리지역		20퍼센트 이하	80퍼센트 이하
	계획관리지역		40퍼센트 이하	100퍼센트 이하
농림지역			20퍼센트 이하	80퍼센트 이하
자연환경보전지역			20퍼센트 이하	80퍼센트 이하

용도지역별 건폐율과 용적률

앞의 표가 기본적으로 적용되는 기준이며, 지역지구가 같더라도 각 지역별 건폐율과 용적률이 다르게 적용되는 곳들이 있으니 꼭 담당 공무원이나 담당 설계자한테 자세히 문의해보고 진행하는 것이 좋다.

---

* 허가받은 부지 면적에 (수평 투영면적) 1층으로 집을 지을 수 있는 면적의 백분율.

** 대지 면적에 대한 건축물의 연면적의 비율.

우리 집은 옆집과
똑같이 지을 수 없다?
———

각 땅마다 걸려 있는 법규와 조례가 다르다. 바로 옆 땅과도 걸려 있는 규제가 모두 다르기 때문에 옆 땅에서 집을 지었다 하여 우리 집도 똑같이 지을 수 있는 것이 아니라는 의미다.

설계 진행 전 담당 공무원 및 조례를 검토하여 정확한 면적을 산정해야 한다. 단순히 지역지구만 본다 하여 확인 가능한 것이 아니니 최종 대지 구입이 완료되었다면 전문가의 자문으로 면적을 정확히 산정해보는 것이 좋다.

◇◇◇◇◇◇◇◇◇◇◇◇◇◇◇◇◇◇◇◇◇◇◇◇◇◇◇◇◇◇◇◇◇◇◇◇◇◇

Q.
$3.3m^2$ 단가에
포함되어 있지 않은
별도 공사에는
어떠한 것이 있으며
비용은 얼마나
더 들어갈까요?

A.
$3.3m^2$ 단가에 포함되지 않은 부분은 다음과 같다.

① 정화조 공사
② 행정 업무: 건축신고/허가, 감리비, 개발 행위 등
③ 인입 공사: 전기, 가스, 수도, 지하수 등
④ 가구 공사: 싱크대, 신발장을 포함한 각종 가구 등
⑤ 토목 공사: 성토/절토, 석축/옹벽, 조경공사, 우수관로, 외부 수
　　　　　　도가 등
⑥ 측량 공사: 경계 측량, 분할 측량, 현황 측량 등
⑦ 난방 공사: 지열, 태양광, 벽난로, 화목 보일러 등
⑧ 옵션 공사: 오픈천장, 다락방, 포치, 데크 등

쉽게 생각해 건설회사에 금액을 지불하지 않는 부분들이 여기에 해당된다. 이 부분의 평균 비용은 2,000-3,000만 원 정도 소요된다. 물론 전원주택 단지처럼 기반시설 및 모든 토목 공사가 완벽하게 되어 있는 곳이라면 금액은 현저히 줄어들 수 있다.

건축 예산 TIP
———

내 집을 짓는 데 쓰일 예산이 2억이라 가정한다면 순수 건축비는 1억 7천만 원 아래로 무조건 끝나야 앞서 말한 건축 외 부대비용에 돈을 사용할 수 있다. 간혹 전원주택 단지의 땅이 비싸 논·밭을 저렴하게 구매해오는 사람들이 있는데 기반시설이 없을 경우 잘못하다가는 전원주택 단지의 땅보다 더한 비용이 들어갈 수 있으므로 토목 공사 및 기반시설 시공 여부를 잘 판단하여 대지를 선택하길 바란다.

◇◇◇◇◇◇◇◇◇◇◇◇◇◇◇◇◇◇◇◇◇◇◇◇◇◇◇◇◇◇◇◇◇◇◇◇◇◇

Q.

브랜드 건설회사의 경우 몇 평부터 시공이 가능한가요?

A.

브랜드라 부를 수 있는 회사들은 평균적으로 30평 이상이 되어야 기본적인 마진이라는 것이 남을 수 있다.

그러나 집을 작게 짓든 크게 짓든 들어가는 장비 대수와 인건비가 비슷하기 때문에 큰 규모의 회사를 움직이려고 한다면 최소 기준은 30평이라고 답할 수 있겠다(최근에는 25평 이상부터 짓기도 하나 30평 미만은 5% 할증이 있으므로 이 부분을 염두에 두고 시공평수를 정하길 바란다).

남는 자재에 대해 물어보는 사람들도 있는데 자재는 온장 개념(재단되어 나오는 자재가 아닌 정해진 규격의 자재)으로 들여와 현장에서 재단하여 쓰기 때문에 남는 자재를 타 현장에서 쓸 수 없다. 남을 경우 폐기로 처리한다.

장비와 인원 역시 일당 개념이기 때문에 적은 평수를 짓는다고 해서 시간당 급여(사용료)로 지급하는 것은 불가하다. 결과적으로 많은 평수의 차이가 나는 시공현장이 아니면 대부분의 지급 원가(자재비, 인건비, 장비 사용료 등등)가 동일하게 이루어진다.

소형주택이 뜬다

———

최근 들어 세컨드하우스 등의 개념이 확장되면서 큰 주택보다는 소형주택들을 선호하는 추세. 이에 맞춰 25평 주택 기획도 진행하고 있으나 이하로 떨어질 경우 조립식 주택 및 컨테이너하우스 등의 공법으로 변경해야 한다.

◇◇

Q.

같은 평수를 단층으로 지었을 때, 2층으로 지었을 때의 비용 차이가 있나요?

A.

개인 시공업자나 영세업체에서는 단층과 복층의 시공단가가 다를 수 있다. 그러나 최근에는 $3.3m^2$ 단가로 계산되어 시공계약을 진행하기 때문에 2층으로 짓는다 해서 공사비가 상승하지는 않는다.

물량으로 뽑으면 차이가 나지 않느냐는 질문이 있어 실제로 뽑아서 비교해본 결과 큰 차이는 없었다. 기술력의 차이는 있긴 하나 기술력이 더 들어간다 하여 비용이 추가되지는 않는다.

최소 34평부터

1층의 경우 25평부터 시공이 가능하며 2층을 올릴 경우 최소 34평 이상이 되어야 한다. 아파트와 다르게 2층 전원주택의 경우 복도 및 계단실 면적이 생각보다 많이 소요되기 때문에 34평 이상은 되어야 여러분이 생각하는 면적이 나올 수 있다.

◇◇◇

Q.
**건축 기간은
어느 정도일까요?**

A.
목조주택의 공사 기간은 타 공법에 비해 시공일수가 짧다. 평수와 디자인에 따라 다를 수는 있지만 평균 기간은 설계 계획 약 2-3개월, 시공 기간 약 3개월, 사용승인 기간 0.5개월 정도가 걸린다(60평 미만 주택 기준). 따라서 최소 6.5개월은 예상하고 준비해야 한다. 물론 진행할 때 변경사항 발생빈도나 공사 중 일기변화에 따라 일정이 늘어날 수 있음은 감안하자.

철근콘크리트주택의 공사 기간은 기본적으로 시공 기간만 5-6개월 정도 소요되니 목조주택이나 스틸하우스보다 3개월 정도는 더 잡고 준비하는 것이 좋다.

**충분한 기간을
두고 집짓기를
시작해야 한다**

일반적으로 앞서 설명한 기간 안에 모두 마무리된다. 하지만 개인적인 경험상 톱니바퀴가 맞물려 돌아가듯 별 탈 없이 진행되는 경우는 생각보다 드물다. 주변의 민원 때문에 공사가 중단된 적도 있고 설계가 마음에 들지 않아 반년 이상 설계만 하는 분들도 있었다. 그렇기 때문에 최소 1년 전에 시작해 여유 있게 집짓기를 진행할 것을 추천하며 아무리 늦어도 8개월 전에는 시작하길 권한다.

◇◇◇

Q.
**땅과 관련된 문제
(토지 구입 및 토목공사
진행)도
대행해 주시나요?**

A.
건설회사에서는 토지 구입 및 토목공사 진행과 같은 땅과 관련된 문제를 대행해 주지 않는다. 법적으로도 불가하다. 매입 전 건축 가능한 토지인지에 대한 정보만을 간략하게 조언해주는 정도지 구입까지 대신하지 않는다. 대행이 가능하다고 한다면 부동산이나 시행업체가 조인된 경우일 것이다.

또한 토목공사도 직접 진행하지 않는다. 토목공사는 토목업체에서 진행하는 부분이기 때문이다. 다만 원스톱 시스템을 구축한 회사라면 토목업체와 조인했을 수도 있다. 회사마다 시스템이 다르므로 계약 전에 한 번 살펴보는 것이 좋다.

건설회사 ≠ 토목회사
──────

만약 건설회사에서 토목공사를 한다면 하청 혹은 파트너십으로 조인된 토목회사에서 진행하는 거라고 생각하면 된다. 토지 구입은 반드시 정식 등록된 공인중개사를 통해 처리해야 추후 문제가 생기더라도 보상받을 수 있다. 개별 거래는 안 된다. 또한 지역의 작은 업체보다는 비용이 더 들더라도 경험 많고 큰 토목업체를 선정해 토목공사를 진행하는 것이 좋다.

◇◇◇

Q.
**땅이 낮아
성토했는데
바로 시공해도
문제없을까요?**

A.
원칙적으로는 성토 후 약 3년이 지난 뒤에 시공하는 것이 좋다. 하지만 마냥 기다리기에 3년은 너무 길다. 그래서 최근에는 단단한 지반까지 기초를 내리는 줄기초 형식이나 파일기초 등의 기초보강을 한 다음 시공을 진행한다. 이러한 기초보강 후에 공사를 진행하면 큰 문제없이 집을 지을 수 있을 것이다.

무엇이든
기초가 중요하다
──────

0.5m 이상 성토를 진행했다면 기본적으로 기초보강이 이루어져야 한다. 밟아보니 딱딱해서 괜찮다고 판단해 기초 시공을 위해 실제로 땅을 파보면 지내력이 기준 이상 나오지 않는 경우가 대부분이다. 만약 3년 이내에 0.5m 이상을 성토했다면 90% 이상 기초보강을 진행한다고 보고 계획을 잡는 것이 좋다. 기초보강의 경우 줄기초 및 파일기초 방식이 있는데 바닥평수 30평 기준으로 약 400~500만 원의 기초보강비가 추가된다.

◇◇◇

Q.
**서울과 먼 지방인데
공사가 가능한가요?
가능하다면 공사비
상승이 있을까요?**

A.
작은 회사의 경우 공사비 상승이 있는 것으로 알고 있다. 하지만 전국망을 갖춘 브랜드 업체라면 섬이 아닌 내륙지방의 경우 추가 공사비가 없다(섬은 물류운반비로 인해 10-20% 사이의 할증이 있음).

시공,
어디까지 해봤니?
──────

어느 지역까지 시공이 가능하냐고 묻는 사람들이 많지만 기본적으로 전국 시공망이 갖춰진 회사는 섬이 아닌 이상, 도로가 있다는 전제조건만 있다면 어디든 시공이 가능하다.

◇◇◇

Q.

**A/S는 어떻게
진행되나요?
몇 년까지 보증되죠?**

A.

A/S 기간은 기본적으로 2년이다. 하지만 작은 회사나 개인업자의 경우 제대로 이루어질리 만무하다. 이러한 이유로 큰 회사나 브랜드를 찾는 것이다. 그러나 모든 부분이 2년인 것은 아니다. 아래 표를 참고해 각 부분별 A/S 기간을 잘 살펴보고 진행하길 바란다.

구분		하자의 범위	하자보수 책임기간	종료시간
창호공사	창문틀 및 문짝공사		1년	
	창호 철물공사		1년	
지붕 및 방수공사			3년	
마감공사	마감공사		1년	
	수장공사		1년	
	칠공사	공사상의 잘못으로 인한 균열, 처짐, 비틀림, 들뜸, 침하, 파손, 붕괴누수, 누출, 작동 또는 기능불량, 접지 및 부착불량 건축물 또는 안전상 지장을 초래할 정도의 하자	1년	
	도배공사		1년	
	타일공사		1년	
급배수 위생설비공사	급수설비공사		2년	
	온수공급설비공사		2년	
	배수통기설비공사		2년	
	위생기구설비공사		1년	
	칠 및 보온공사		1년	
가스 및 소화설비공사	가스설비공사		2년	
	소화설비공사		2년	
	매연설비공사		2년	
기둥내력벽			10년	
보, 바닥, 지붕			5년	

주요 부분 A/S 기간 안내표

부록

살고 싶은 집
10년 뒤의 주거 트렌드

10년 뒤 전원주택 시장은 어떻게 될 것인가

주택산업연구원에서 〈앞으로 10년, 주거 트렌드 변화〉라는 주제로 세미나를 개최한 바 있다 (2016.05.17.). 그에 따르면 수요자는 '에코 세대'를 중심으로, 주거 특성은 '사용가치' 중심으로 미래의 주거 트렌드가 형성된다고 한다. 즉, 주거를 필요로 하는 수요자의 세대교체가 이루어짐으로써 2-Downgrade와 4-Upgrade로 변화될 것이라는 의미다. 2-Downgrade에는 주택 규모 축소와 주거비 절감이, 4-Upgrade에는 주택의 기능 향상과 주거환경의 진화, 주택기술의 발전, 임대용 주택의 성장이 속한다. 10년 뒤 전원주택 시장은 어떻게 될 것인가. 7대 메가트렌드를 통해 내가 살게 될 집의 그림을 설계해보는 데 참고하길 바란다.

01. 베이비붐 세대에서 에코 세대로… 본격 세대교체
-

　　주택산업연구원의 발표에 의하면 베이비붐 세대가 빠져나간 자리를 에코 세대가 차지하면서 본격적인 수요 교체가 이루어질 것이라고 판단했다. 하지만 터무니없는 집값으로 인해 2030세대가 모두 경기권으로 이탈하고 있는 것이 현 상황이다. 이미 젊은 세대들은 '꼭 서울에서 살아야 한다'라는 인식으로부터 많이 벗어난 상태다. 답답한 서울에서 살 바에야 조금은 여유로운 경기권에서 살아도 괜찮을 듯하다.

02. 실속형 주택 인기

-

경제 저성장이라는 동향 아래 소비자의 라이프스타일은 실속형으로 변화하고 있다. 아파트 평면을 보면 이러한 추세가 이미 현실화되고 있음을 파악할 수 있다. 예전에는 20평대와 30평대가 주를 이루었으나 지금은 싱글 스타일에 맞는 평면이나 20평 미만에 해당하는 소형 평수의 분양이 상당수 진행되었다. 국내 건설시장이 일본의 10년 전 상황을 그대로 따라 간다는 말과 같이 주택의 소형화는 이미 이루어지고 있는 것이다.

03. 주거비 절감 주택 인기

-

'가격 대비 성능'이란 말이 대세가 될 것이다. 단순히 물질적인 공간이 아니라 에너지 생산 및 에너지 거래주택, 저에너지 주택, 그린하우스, 패시브하우스 등 가성비 높은 주택들이 주를 이룰 것이라 생각한다. 실제로 2016년 7월부터 건축법 단열

기준이 준패시브급으로 상승되어 적용되고 이에 따라 추후 건축시장 또한 단순히 집만 짓는 것이 아니라 다양한 기술을 접목한 주택을 짓는 방향으로 변화할 것이다.

04. 주택과 공간기능의 다양화
-

　　주택의 공간기능 다양화는 현재진행중이다. 기능 복합 초소형 주택이 나타나고 있다. 또한 주거 공간이 단순 거주뿐만 아니라 비즈니스 및 미팅 등의 다양한 목적을 수행할 수 있는 공간으로 탈바꿈하고 있다. 같은 공간이라도 나만의 주거 공간 스타일링에 대한 요구는 지속적으로 발생될 것이라 생각한다.

05. 자연주의 '숲세권'
-

　　전원주택 시장에서 가장 화두로 떠오르고 있는 단어가 바로 '숲세권'이다. 역세권 대신 일상의 여유 있는 삶, 자연과 휴식공간에 대한 요구는 계속될 것이다. 공

원이나 산 등을 고려하는 쾌적성, 즉 숲세권은 미래의 주거 선택 시 중요요소 1순위로 꼽힐 것으로 보인다.

06. 첨단기술을 통한 주거가치 향상
-

주거는 수동적으로 움직이는 게 아닌, 스마트 기술의 융·복합을 통해 '개인 맞춤형 스마트 서비스'로 진화될 것이다. 이미 각 통신사에서는 IOT 기술을 접목해 홍보하고 있다.

앞으로의 집은 단순히 잠만 자는 공간에서 벗어나 보안과 의료서비스, 주택 내 하자점검 서비스, 로봇 가사 서비스 등의 자동화 서비스가 접목돼 영화에서나 볼 법한 주거 라이프가 이루어지게 될 것이다. 10년 안에 스마트홈 시대가 열릴 것으로 예상한다.

07. 월세시대, 임대사업 보편화
-

전세시대는 이미 끝났다. 금리도 1%대 이하로 하락할 가능성이 있어 실질적으로는 월세시대가 열렸다고 볼 수 있다. 이제는 아파트 등을 사서 수익성을 올리기보다 다가구주택이나 상가주택 등을 통해 임대수익과 주거안정을 동시에 꾀하려고 하는 움직임을 보일 거라 생각한다.

스타 건축가 3인방의
TALK & TALK

**실속 +
비용절감 +
숲세권 +
스마트홈**

전원주택 시장은 이 7대 메가트렌드를 따라가게 될 것이다. 특히 다음 4가지 정도가 눈에 띄게 발전할 것으로 예상된다.

첫째, 실속형 주택. 예전에 집 지을 땐 최소 40평에 방 4개는 있어야 한다는 것이 대세였다. 하지만 요즘엔 25평 미만의 소형주택들이 인기를 얻고 있다. 실속 있는 주택으로의 변화 요구로 인해 평수가 점점 더 줄어들게 될 것이다.

둘째, 주거비 절감 주택. 아파트처럼 물질적으로 단순히 공간만 만드는 것이 아니라 짓고 난 다음 유지관리적 측면이 부각될 것이다. 패시브하우스와 같이 난방비가 절약되거나 태양광처럼 자체적으로 에너지 생산이 가능한 주택이 시장을 이끌어갈 것으로 보인다.

셋째, 자연주의 '숲세권'. 이제는 역세권보단 숲세권이다. 요즘엔 고속도로도 잘되어 있어 지하철역 근처가 아닌 자연친화적이면서 정신적·육체적 휴식을 취할 수 있는 곳이 떠오르고 있다.

넷째, 첨단기술을 통한 주거가치 향상. 집 또한 스마트화되고 있다. 핸드폰이 예전에는 전화를 거는 목적만을 수행했지만 현재에 이르러서는 모든 작업을 진행하는 역할의 스마트폰이 된 것처럼 집도 마찬가지다. 주거의 목적뿐만 아니라 의료 및 자동화 시스템이 적용돼 스마트홈으로 발전될 것이다. 이미 IOT 같은 통신 시스템이 접목되었고, 고객의 라이프스타일에 따라 변화되는 가전제품 등도 출시되고 있어 어쩌면 10년 뒤가 아닌 5년 안에 스마트홈이 시장을 이끌어가지 않을까 예상된다.

부록

입주 전 체크리스트

완공되긴 했는데
잘 지어진 게 맞는지 의문이 들 때

드디어 내 집이 완공되었다. 마지막으로 79가지 사항들만 꼼꼼하게 확인하면 모든 과정이 끝난다. 실제로 공사 완료 후 건축주와 함께 검토하는 목록이기도 하다.
집이 잘 지어진 게 맞는지, 잔금을 입금해도 되는지 걱정된다면 이 체크리스트를 활용해 완벽히 마무리하길 바란다.

외부
–

Check list	*Good*	*Bad*
1. 입면도 체크: 건축 최종 입면도 체크(마감재, 칼라)	_____	_____
2. 지붕: 깨짐, 오염 상태, 균일 시공 상태	_____	_____
3. 외벽(스타코): 오염, 균열, 마감면 고르기	_____	_____
4. 외벽(사이딩): 코킹, 오염, 붙이기, 도장마감	_____	_____
5. 외벽(파벽돌): 균열, 떨어짐, 메지 상황, 수직·수평 상태	_____	_____
6. 창호: 방충망 유무, 작동 및 파손 여부, 결로, 시건장치 상태	_____	_____

Check list	Good	Bad
7. 외부 문: 현관문, 다용도실문 작동 유무 및 잠금장치	_____	_____
8. 데크, 발코니: 오일스테인 처리, 균열, 청소	_____	_____
9. 외부 난간대: 흔들거림, 도장오염	_____	_____
10. 외부 조명: 램프 온오프, 파손 유무, 설치 위치 및 누락 유무	_____	_____
11. 외부 수도: 설치 상황, 배수 처리, 부동 수전 설치 유무	_____	_____
12. 건물 주변, 통로: 정리, 토지 정리, 청소	_____	_____
13. 가설전기, 화장실: 철거 상황	_____	_____

내부 1. 현관
-

Check list	Good	Bad
14. 바닥타일: 타일 깨짐, 메지 상황, 수직·수평 유무	_____	_____
15. 벽지: 오염, 이음부, 탈부착 상태	_____	_____
16. 조명: 반경 내 센서 감지 상황	_____	_____
17. 현관중문: 유리시공 유무, 레일작동 여부, 미서기문틀 수직·수평	_____	_____

내부 2. 거실

-

Check list	Good	Bad
18. 바닥(마루): 오염, 이음새		
19. 벽(벽지): 오염, 이음새		
20. 천장: 뜸, 흠집, 더러움		
21. 몰딩: 천장몰딩의 이음새, 오염, 타카핀 시공 상태		
22. 비디오폰: 비뚤어짐, 작동 유무		
23. 조명: 밝기, 램프칼라, 온오프 작동 유무, 수평 위치		
24. 스위치, 콘센트: 높이, 레벨, 위치, 설치 위치 및 누락 유무		
25. 거실창호: 유리 깨짐, 손잡이 부착, 문선몰딩, 창틀 오염, 수직·수평		

내부 3. 주방

-

Check list	Good	Bad

26. 바닥(마루): 뜸, 흠집, 더러움, 이음매 레벨 _____ _____

27. 벽(벽지): 이음새, 뜸, 흠집, 더러움 _____ _____

28. 주방벽(타일): 타일 깨짐, 메지 상황, 누락 및 싱크대 배치 상태 _____ _____

29. 천장: 뜸, 흠집, 더러움 _____ _____

30. 주방창호: 유리 깨짐, 손잡이 부착, 창틀 오염, 가구간섭 유무 _____ _____

31. 조명: 밝기, 램프칼라, 온오프 작동 유무, 배선도 체크 _____ _____

32. 스위치, 콘센트: 높이, 레벨, 위치, 비뚤어짐 _____ _____

내부 4. 다용도실
–

Check list	Good	Bad

33. 바닥(타일): 타일 깨짐, 메지 상황, 레벨, 바닥 배수구 위치(배수 상태) _____ _____

34. 벽(벽지, 타일): 이음새, 뜸, 흠집, 더러움 _____ _____

35. 천장: 뜸, 흠집, 더러움, 점검구 유무 _____ _____

36. 다용도실 창호: 유리 깨짐, 손잡이 부착, 창틀 오염, 가구간섭 유무 _____ _____

37. 다용도실 문: 잠금장치, 하부씰, 오염 _____ _____

38. 조명, 콘센트: 램프 온오프, 콘센트 위치, 비뚤어짐 _____ _____

39. 세탁수전: 수압 상태, 냉·온수 확인, 위치, 세탁 전용 배수구 유무 _____ _____

내부 5. 방1
-

Check list	Good	Bad
40. 바닥(마루): 뜸, 흠집, 더러움, 이음매 레벨	_____	_____
41. 벽(벽지): 이음새, 뜸, 흠집, 더러움	_____	_____
42. 천장(등박스): 뜸, 흠집, 더러움	_____	_____
43. 문짝: 개폐 상황, 도어락, 오염, 스토퍼설치 유무	_____	_____
44. 창호: 잠금장치, 하부씰, 오염	_____	_____
45. 몰딩: 이음매, 오염, 흠집	_____	_____
46. 조명, 콘센트: 밝기, 램프 온오프, 콘센트 위치, 비뚤어짐	_____	_____

내부 6. 방2
-

Check list	Good	Bad
47. 바닥(마루): 뜸, 흠집, 더러움, 이음매 레벨	_____	_____
48. 벽(벽지): 이음새, 뜸, 흠집, 더러움	_____	_____
49. 천장(등박스): 뜸, 흠집, 더러움	_____	_____
50. 문짝: 개폐 상황, 도어락, 오염, 스토퍼설치 유무	_____	_____
51. 창호: 잠금장치, 하부씰, 오염	_____	_____
52. 몰딩: 이음매, 오염, 흠집	_____	_____
53. 조명, 콘센트: 밝기, 램프 온오프, 콘센트 위치, 비뚤어짐	_____	_____

내부 7. 방3
-

Check list	Good	Bad
54. 바닥(마루): 뜸, 흠집, 더러움, 이음매 레벨	_____	_____
55. 벽(벽지): 이음새, 뜸, 흠집, 더러움	_____	_____
56. 천장(등박스): 뜸, 흠집, 더러움	_____	_____
57. 문짝: 개폐 상황, 도어락, 오염, 스토퍼설치 유무	_____	_____
58. 창호: 잠금장치, 하부씰, 오염	_____	_____
59. 몰딩: 이음매, 오염, 흠집	_____	_____
60. 조명, 콘센트: 밝기, 램프 온오프, 콘센트 위치, 비뚤어짐	_____	_____

내부 8. 욕실
-

Check list	*Good*	*Bad*
61. 바닥(타일): 타일 깨짐, 메지 상황, 바닥 배수구 위치, 배수 상태	_____	_____
62. 벽(타일): 타일 깨짐, 메지 상황, 타일 수평, 코킹	_____	_____
63. 천장: 흠집, 더러움, 점검구 유무	_____	_____
64. 욕실 창호: 유리 깨짐, 손잡이 부착, 창틀 오염	_____	_____
65. 욕실 문: 잠금장치, 하부씰, 오염, 스토퍼설치 유무	_____	_____
66. 조명, 콘센트: 밝기, 램프 온오프, 콘센트 위치, 비뚤어짐	_____	_____
67. 환풍기: 작동 상태, 소음	_____	_____
68. 변기, 세면대: 냉·온수 체크, 물샘 여부, 씰란트 틈, 흔들림	_____	_____
69. 욕조: 흠집(깨짐), 욕조수전위치 높이, 배수 상태, 배수캡	_____	_____
70. 샤워파티션: 흔들림, 유리 깨짐	_____	_____
71. 샤워부스: 흔들림, 유리 깨짐, 프로파이 상태, 전용 배수구 설치 유무	_____	_____
72. 액세서리: 휴지걸이, 수건걸이, 코너 선반, 흔들림, 위치 체크	_____	_____

내부 9. 계단
-

Check list	Good	Bad
73. 계단재: 흠집, 균열, 오염, 도장 상태, 높낮이 균일 유무	_____	_____
74. 벽(벽지): 이음새, 뜸, 흠집, 더러움	_____	_____
75. 난간: 흔들림(간격), 흠집, 페인트(칠) 상태	_____	_____
76. 계단실 창호: 유리 깨짐, 손잡이 부착, 창틀 오염, 개폐 상황	_____	_____
77. 천장: 뜸, 흠집, 더러움	_____	_____
78. 조명: 3로 스위치, 밝기, 펜던트 높이	_____	_____

기타
-

Check list	Good	Bad
79. 청소: 전체적인 청소 상태 수준	_____	_____

THE   END

THE AND

스타 건축가 3인방의
따뜻한 전원주택을 꿈꾸다

초판 1쇄 발행 2017년 5월 22일
5쇄 발행 2020년 6월 15일

지은이 이동혁·정다운·임성재
감수 김남윤
펴낸이 이광재

책임편집 김미라   **교정** 오지은
디자인 이창주   **마케팅** 정가현   **영업** 허남

펴낸곳 카멜북스   **출판등록** 제311-2012-000068호
주소 서울 마포구 성지길 25 보광빌딩 2층
전화 02-3144-7113   **팩스** 02-374-8614   **이메일** camelbook@naver.com
홈페이지 www.camelbook.co.kr   **페이스북** www.facebook.com/camelbooks
인스타그램 www.instagram.com/camelbook

ISBN 978-89-98599-35-5 (13590)

• 책가격은 뒤표지에 있습니다.
• 파본은 구입하신 서점에서 교환해드립니다.
• 이책의 저작권법에 의하여 보호받는 저작물이므로 무단 전재 및 복제를 금합니다.
• 이 도서의 국립중앙도서관 출판예정도서목록(CIP)은 서지정보유통지원시스템 홈페이지(http://seoji.nl.go.kr)와
  국가자료공동목록시스템(http://www.nl.go.kr/kolisnet)에서 이용하실 수 있습니다. (CIP제어번호 : CIP2017010678)